园林花卉识别与实习教程

（北方地区）

董 丽 主编

中国林业出版社

本书编委会

主　　编：董　丽

编　　委：晏　海　周　丽　乔　磊　廖圣晓　雷维群
　　　　　郝培尧　贾培义　任爽英　潘剑彬

图书在版编目（CIP）数据

园林花卉识别与实习教程：北方地区 / 董丽　主编．—北京：中国林业出版社，2011.1
　ISBN 978-7-5038-5902-1

　Ⅰ．①园… Ⅱ．①董… Ⅲ．①花卉—观赏园艺—教材 Ⅳ．①S68

中国版本图书馆 CIP 数据核字（2011）第 164494 号

责任编辑：李　顺　　电话、传真：（010）83223051

出　版：	中国林业出版社（100009　北京西城区德内大街刘海胡同7号）
网　址：	http://lycb.forestry.gov.cn/
电　话：	（010）83224477
发　行：	新华书店北京发行所
印　刷：	恒美印务（广州）有限公司
版　次：	2011年1月第1版
印　次：	2011年1月第1次
开　本：	787mm×960mm　1/32
印　张：	5.5
字　数：	160千字
印　数：	1～5000册
定　价：	48.00元

凡本书出现缺页、倒页、脱页等质量问题，请向出版社图书营销中心调换。
版权所有　侵权必究

前　言

园林植物作为园林景观最主要的构成要素，是园林、风景园林、景观学及观赏园艺等专业的学生必须掌握的专业基础。园林花卉作为园林植物的重要组成部分，与园林树木相比，不仅种类繁多，变化多样，更由于其生长周期短，园林应用灵活，对于初进入相关专业的学生而言，掌握起来难度更大。因此园林花卉的识别一直是上述专业的学生面临的难题。

《园林花卉识别与实习教程（北方地区）》收录了包括我国三北地区露地园林中常用的主要草本花卉和部分花灌木。根据花卉的生长习性按照一、二年生花卉、宿根花卉、球根花卉、水生花卉、攀援及蔓性花卉、观赏草及花灌木的顺序编排。全书共收入园林花卉300种及品种，其中草本花卉222种，藤本植物17种，花灌木61种。为了使学生在识别的过程中逐步积累花卉各方面的知识，为以后的园林景观设计奠定基础，在对各种基本形态性状描述的同时，简述其原产地（分布地）、基本习性以及园林观赏特性和园林用途。每一种附有植株整体及局部的彩色照片，便于认识。期望学生在学习过程中，从基本认识、全面了解到最终能够合理、科学地应用，循序渐进、触类旁通，为后续课程的学习奠定基础。

本书主要作为上述专业的学生学习园林花卉学或园林植物学的实习教材，也适用于相关园林设计从业人员及花卉爱好者使用。

由于编者水平所限，遗漏和错误之处，敬请读者在使用过程中不吝指正。

作者
2010年12月

目 录

前　言

目　录

总　论

一、园林花卉的分类 …………………………………………………… 1
二、园林花卉的生态习性 ……………………………………………… 3
三、园林花卉的应用方式 ……………………………………………… 5
四、园林花卉的识别 …………………………………………………… 7

各　论

一、二年生花卉 ………………………………………………………… 9
宿根花卉 ……………………………………………………………… 44
球根花卉 ……………………………………………………………… 94
水生花卉 ……………………………………………………………… 109
攀援及蔓性花卉 ……………………………………………………… 121
观赏草 ………………………………………………………………… 130
花灌木 ………………………………………………………………… 139

中文名索引 ……………………………………………………………… 163
拉丁名索引 ……………………………………………………………… 165
参考文献 ………………………………………………………………… 169

总 论

花卉是园林中极具多样性的一类植物,有狭义和广义之分。狭义的园林花卉仅指草本的观花植物及观叶植物;而广义的园林花卉即园林植物,既包括草本花卉,也包括木本花卉,是园林设计的基本素材。

园林花卉尤其是草本花卉,具有独特的生物学特性及观赏特点,在园林中具有独特的作用。当前,随着人们对环境质量要求的提高及花卉品种的推陈出新,园林花卉在城市建设中得到越来越广泛的应用。

优秀园林植物景观的形成,有赖于设计师对植物材料的充分把握。而园林花卉种类繁多,形态习性各异,观赏特性及应用方式多样,系统地学习和掌握园林花卉相关知识就尤为重要。园林花卉的学习,分类、识别是基础,习性是关键,应用是目的。学习中也必须将三者结合。

一、园林花卉的分类

不同国家、不同学者对园林花卉常有不同分类方法。从园林花卉生长习性及园林应用的角度,本书介绍以下分类方法:①依生长习性及形态特征分类;②依园林用途分类。

(一) 依生长习性及形态特征分类

1. 一、二年生花卉

一、二年生花卉是指个体发育在一年内或跨年度完成的草本花卉,包括以下两类:

(1) **一年生花卉** 一年生花卉是指生命周期在一个生长季内完成的草本花卉,通常春季播种,夏秋开花、结实,然后死亡,故也称春播花卉。典型的一年生花卉多原产于热带或亚热带,喜高温,不耐寒,遇霜即死亡。常见的一年生花卉如波斯菊、百日草、千日红等。

（2）二年生花卉 二年生花卉是指生命周期跨年度才能完成的草本花卉，通常秋季播种，进行营养生长，然后必须经过一段时间的低温，第二年才能开花、结实。二年生花卉又称秋播花卉，多原产于温带，喜凉爽，有一定的耐寒性，但忌炎热。常见的二年生花卉如羽衣甘蓝、桂竹香、金盏菊等。

在园林应用中，有些多年生花卉如藿香蓟、石竹等亦常作一、二年生栽培。

2. 多年生花卉

多年生花卉是指个体寿命在3年或3年以上的草本花卉，根据其地下器官的类型又可分为宿根花卉和球根花卉。

（1）宿根花卉 宿根花卉是指地下部分形态正常的多年生花卉，根据其地上部分能否越冬可分为常绿宿根花卉和落叶宿根花卉两类，前者多分布于暖温带地区，如兰花、吉祥草等，后者在温带地区常见，如玉簪、荷包牡丹等。

（2）球根花卉 球根花卉是指地下部分变态肥大的多年生花卉。根据其地下器官的类型，可将球根花卉分为鳞茎类、球茎类、块茎类、根茎类及块根类。根据其栽植时间又可将球根花卉分为春植球根花卉和秋植球根花卉，前者常春季栽植，夏秋开花，冬季休眠，如大丽花、蛇鞭菊等；后者则多秋季栽植，翌年春季开花，夏季休眠，如郁金香、铃兰等。

3. 木本花卉

木本花卉是指茎木质化的园林花卉。据其是否具有主干及主干形态可分为乔木、灌木、藤木。园林中习见的木本花卉如梅花、蜡梅、牡丹、紫藤等。

（二）依园林用途分类

1. 花丛花卉

用作花丛的植物材料主要是适应性强，栽培管理简单，且能露地越冬的宿根和球根花卉，既可观花，也可观叶或花叶兼备，如芍药、玉簪、萱草、鸢尾、百合、玉带草等。栽培管理简单且具自行繁衍能力的一、二年生花卉或野生花卉也可以用作花丛，如波斯菊、半支莲等。

2. 花坛花卉

花坛花卉是指园林中用于布置各类花坛的花卉。花坛类型不同，所用植物材料亦有所不同，但多为株丛紧密、整齐、开花繁茂的一、二年生花卉及球根花卉，如孔雀草、三色堇、郁金香等。

3. 花境花卉

花境花卉是园林中构成花境的主要植物材料。花境花卉以宿根花卉为主，一般要求适应性较强，耐寒、耐旱，能够在当地露地条件下生长良好、性强健且栽培管理简单，同时应具备较好的观赏特性，能形成优美的群落景观。北方地区常见的花境花卉如金鸡菊、飞燕草等。

4. 立体景观花卉

立体景观花卉主要是指用于篱、垣、棚、架等垂直绿化的藤蔓类植物以及用于悬挂花箱、花槽等花卉立体装饰的植物，前者如大叶铁线莲、牵牛、茑萝等，后者如花叶长春蔓、盾叶天竺葵等。

5. 地被花卉

园林中用作地被的花卉，首先要求能够较好地覆盖地面，如春季成片开花的诸葛菜、蒲公英等，花相整齐，持续时间长。此外，玉簪、铃兰等虽花期较短，但叶仍具观赏性，是林下荫蔽处地被植物的优秀材料。

6. 水生花卉

水生花卉是营建水景园的主要材料。按生活型可分为挺水植物、浮水植物、漂浮植物、沉水植物 4 类，常见的水生花卉如荷花、睡莲、凤眼莲等。

7. 岩生花卉

岩生花卉一般植株低矮，耐寒、抗旱、耐瘠薄，管理粗放，是布置岩石园的主要材料，常见的岩生花卉如景天类、丛生福禄考等。

随着人们对植物景观重视程度的不断提高，新的花卉应用形式也将不断出现，花卉的园林用途也将更加多样化。

二、园林花卉的生态习性

不同花卉对环境的要求不同，它们在长期的生长发育中，对环境条件的变化也产生了各种不同的反应和多种多样的适应性,即形成了花卉的生态习性。园林应用中只有满足花卉的生态习性,充分把握光照、温度、水分、土壤、空气等各环境因子在花卉生长发育的各个阶段所发挥的作用及其机理,才能真正做到适地适花,适花适地,从而最大程度实现花卉所特有的观赏价值及生态价值。

(一) 光照因子

光是花卉生命活动的能量来源,光照因子在光照强度、光质及光照长度等方面的变化,极大地影响着花卉的分布和个体的生长发育。

适应于光照强度的不同,园林花卉有喜光、喜阴及耐半阴之别。喜光花卉必须生长在全光照条件下,如多数的一、二年生花卉;喜阴花卉则要求适度荫蔽,方能生长良好,如原产于热带雨林下的蕨类植物;耐半阴花卉对光照的适应范围较广,如玉簪、耧斗菜等。适应于光照长度的不同,园林花卉又有长日照花卉、短日照花卉及中性花卉之分。光照长度直接影响长日照花卉及短日照花卉的成花,如秋菊只有在秋天短日照条件下才能开花。光质会对花卉的花色及植株高矮等形态特征产生影响,如高山花卉一般低矮且色彩艳丽,而热带花卉大多花色浓艳。因此,调节光照是控制花期的常用方法之一。

(二) 温度因子

温度是影响花卉地理分布及生长发育的最重要的环境因子之一。不同花卉对温度的要求不同,同种花卉在不同生长发育阶段对温度的需求亦有差异:许多花卉在生长发育周期中要求变温;多数原产冷凉气候的花卉每年必须经过一段时间的低温休眠,才能萌发;有的花卉在从营养生长向生殖生长转化的过程中要求低温春化作用,二年生花卉就属此类,如紫罗兰。

在园林实践中,选择恰当的花卉种类,在满足它们对温度需要的同时,还可通过调节温度控制花期,满足四时之需。

(三) 水分因子

水是植物体的重要组成部分,也是花卉生长发育不可缺少的因子。水有各种物理形态,通常影响花卉生长的水分环境是由土壤水分状况和空气湿度共同组成的。而空气湿度由于其可控性差,对某些花卉的生长发育影响更大。

不同花卉及同种花卉生长发育的不同阶段对水分的需求差异很大,适应于不同的水分状况，园林花卉有旱生、湿生、水生、中生之分。仙人掌等旱生花卉长期生活于干旱环境，外部形态及内部结构均产生了相应的变化，能忍受较长时间的空气或土壤干燥；湿生花卉在生长期间要求大量的土壤水分和较高的空气湿度，不能忍受干旱，如原产热带沼泽地、阴湿森林中的植物；典型的水生花卉如荷花、睡莲等需要在水中才能正常生长发育；中生花卉要求适度湿润的环境，其分布范围最广，但极端的干旱或水涝都会对其生长造成影响，大多数露地花卉均属于此类。

（四）土壤因子

土壤是花卉养分的主要来源，也是花卉生命活动的重要场所，其理化结构及营养状况直接决定着花卉的生长发育状况。土壤有沙土、壤土、黏土等不同质地，土壤质地影响土壤的水气状况，从而影响花卉生长发育。不同花卉对土壤酸碱度及土壤养分的要求不同，如羽扇豆喜酸性土，而金盏菊则喜碱性土；菊花喜肥，而金鸡菊、一枝黄花则较耐瘠薄等。

（五）空气因子

空气的组成成分也是花卉养分来源之一，如二氧化碳。空气因子中限制花卉生长发育的因素主要是大气污染和风。大气污染主要包括二氧化硫、硫化氢、氟化氢、氯气、臭氧、二氧化氮、煤粉尘等。不同植物对不同类型大气污染的耐受能力不同。园林应用中，在污染严重的城市或厂矿区，应根据污染源及污染程度，选择抗性强的花卉；而一些抗性较弱，对有害气体特别敏感的花卉则可以作为指示植物，监测大气污染。风有助于授粉和传播种子，对于一些可以自播繁衍的园林花卉而言，风具有不可替代的重要地位。但强风往往会对花卉造成伤害，台风、焚风、海潮风、冬春的旱风都是影响花卉生长的限制性因子。

三、园林花卉的应用方式

园林花卉识别的最终目的是园林应用。花卉种类繁多，应用方式多种多样。近年来，随着人们对室外环境景观质量要求的提高、花卉品种的推陈出新、新材料的应用以及工程技术的不断进步，花卉在园林中的应用方式日趋多样化。以下就当前园林中最基本的花卉应用形式做简要介绍。

（一）花丛

花丛是根据花卉植株高矮及冠幅大小的不同，将数株花卉组合成丛配植阶旁、墙下、路旁、林下、草地、岩隙、水畔的自然式花卉种植形式。花丛重在表现植物开花时华丽的色彩或彩叶植物美丽的叶色，它是自然式花卉配植最基本的单位，也是花卉应用最广泛的形式。

（二）花坛

花坛是在具有几何形轮廓的植床内种植各种不同色彩的花卉，运用花卉的群体效果来体现图案纹样，或观赏盛花时绚丽景观的一种花卉应用形式。它以鲜艳突出的色彩或精美华丽的纹样来体现其装饰效果。

依据花坛表现的主体内容不同可将花坛分为花丛式花坛（盛花花坛），模纹式花坛、标题式花坛、装饰物花坛、混合花坛；按布局方式可将花坛分为独立花坛、花坛群、连续花坛群。

（三）花境

花境是园林中从规则式构图到自然式构图的一种过渡的半自然式的带状种植形式，以表现植物个体所特有的自然美以及它们之间自然组合的群落美。其一次设计种植，可多年使用，并能做到四季有景。

花境类型多样，依设计形式可分为单面观赏花境、双面观赏花境、对应式花境3类；依所用植物材料可分为宿根花卉花境、球根花卉花境、专类植物花境、混合花境等。

（四）立体景观

园林花卉立体景观是相对于常规平面花卉景观而言的一种三维花卉景观。花卉立体景观的设计主要是通过适当的载体（如各种形式的容器及组合架）及植物材料，结合环境色彩美学与立体造型艺术，通过合理的植物配置，将园林植物的装饰功能从平面延伸到空间，达到较好的立面或三维立体的绿化装饰效果。常见花卉立体景观的形式主要有以下几类：立体花坛，悬挂花箱、花槽，花篮，花钵，组合立体装饰体，篱、垣、栏、棚、架、建筑外墙等的立面装饰。

（五）园林地被

地被是花卉在园林中大面积应用的主要方式。可用作地被的花卉种类繁多，其本身具有不同的观赏特点。在园林中还可以通过不同地被植物之间的配植、地被植物与乔灌木的搭配及地被植物与草坪的搭配等形成不同的景观效果。

根据园林环境、设计要求的景观效果、配植的地被植物种类，园林地被景观可分为多种类型，按景观效果（观赏特点）可分为常绿地被、落叶地被、观花地被、观叶地被；按配植的环境可分为空旷地被，林缘、疏林地被，林下地被，坡地地被，岩石地被等。

（六）花卉专类园

花卉专类园是在一定范围内种植同一类观赏植物供游赏、科学研究或科学普及的园地。根据专类园展示的植物类型或植物之间的关系，专类园可分为以下两类：专类花园及主题花园。专类花园是指专门收集和展示同一类著名的或具有特色的观赏植物，创造优美的园林环境，供人游赏的花园，常见的专类花园如鸢尾园、荷花园等。主题花园多以花卉的某一固有特征，如芳香的气味、华丽的叶色或植物本身的性状特点、突出某一主题，如芳香园、水景园、岩石园等。

四、园林花卉的识别

园林花卉的认知、识别是应用设计的基础，只有对园林花卉在种类上达到一定的丰富程度，才能营建出富于多样性的花卉景观。花卉识别必须遵循一定的方法：

1. 熟练掌握相关形态术语，并能用于描述园林花卉形态特征。

只有熟悉花卉的形态特征及与之相对应的专业术语，才能有效利用专业书籍，进而准确识别园林花卉。常用形态术语如花序、花形、花色，叶序、叶形、叶色等。需要注意的是，花卉的形态特征与其所处环境密切相关，尤其是株高、叶形、叶长、叶色等往往受环境影响较大，增加了识别的难度。但总体上，花卉的生殖器官较营养器官形态稳定。因此，对于园林花卉而言，花器官往往成为识别的关键，熟悉花的构造，对于花卉识别同样极为重要。

2. 具备一定的植物分类知识，掌握科、属特征。

园林花卉种类繁多，品种多样，熟知每种花卉并非易事。掌握一定的系统分类知识，了解科、属特征，从而做到触类旁通，一方面有助于花卉识别，另一方面也能对同类花卉的生态习性有大致的把握，进而指导园林应用。

3. 理论与实践相结合，学会归纳和总结。

学习书本知识的同时，要紧密结合实践。看、摸、嗅等多方位的感官体验，有助于进一步掌握识别要点，同时也能增加花卉识别的趣味性。另外，应多向专家和同行请教，并及时归纳总结。较之书本上的知识，经验性的总结往往更加直接、有效，且容易记忆，令人印象深刻。

园林花卉的认知是一个长期的过程，不可能一蹴而就。结合园林植物物候记录，对花卉的形态特征、生态习性、应用方式等做长时间的观测及全方位的把握，则一定会取得较满意的效果。

各 论

一、二年生花卉

一、二年生花卉

藿香蓟（胜红蓟）
Ageratum conyzoides L.

菊科、藿香蓟属

【形态特征】多年生草本，常作一年生栽培。株高 30～60cm，全株被白色柔毛，基部多分枝，丛生状。叶对生，卵形至圆形。头状花序聚伞状着生枝顶；花有蓝、紫堇、粉白等色。花期 7～10 月。

【地理分布】原产美洲热带。中国广泛栽培。

【主要习性】喜阳光充足；喜温暖，不耐寒；对土壤要求不严；喜湿润。适应性强，可自播繁衍。

【繁殖方式】播种、扦插或压条繁殖。

【观赏特征】株丛紧密，花朵繁多，小头状花序似璎珞，质柔细腻，花色淡雅，株丛覆盖效果好。

【园林应用】常用于布置花坛，或作花丛、花群及路旁栽植；也可作地被或花坛花丛等的镶边材料。

五色苋（五色草、锦绣苋、红绿草）

Alternanthera bettzickiana (Regel) Nichols.

苋科、虾钳菜属

【形态特征】多年生草本，常作一年生栽培。株高10～15cm。茎直立或斜出，多分枝，呈密丛状。叶对生，纤细，常具彩斑或异色。头状花序，簇生叶腋，小型；花白色。全年观叶。

【地理分布】原产南美巴西。我国各地有栽培，尤以东北栽培最为盛行。

【主要习性】喜阳光充足，略耐阴；喜温暖湿润，不耐夏季酷热也不耐寒；不择土质；不耐干旱和水涝。

【繁殖方式】扦插繁殖。

【观赏特征】植株低矮整齐，枝叶繁密，叶色鲜艳，如锦似绣。

【园林应用】最适于布置模纹花坛，可表现平面或立体的造型，利用不同的色彩配置成各种花纹、图案、文字等内容；也可作花坛、花境镶边材料或用于岩石园。

【常见品种】绿色叶品种'小叶绿'和褐红色品种'小叶黑'。

'小叶绿'
茎斜出，叶较狭，嫩绿或略具黄斑。

'小叶黑'
茎直立，叶三角状卵形，呈茶褐至绿褐色。

一、二年生花卉

三色苋（雁来红、老来少）
Amaranthus tricolor L.   苋科、苋属

【形态特征】一年生草本。株高 30～90cm。茎直立。单叶互生，叶卵圆形至披针形，入秋时顶部或包括中下部叶变为黄或艳红色，为主要观赏部位。花小，不明显。胞果近卵形，盖裂。主要观叶期 8～10 月。
【地理分布】原产亚洲及美洲热带。我国各地均有栽培。
【主要习性】喜阳光充足，日照不足不易变色；不耐寒；喜疏松、肥沃、排水良好的土壤，耐碱；忌湿热、怕涝、耐干旱。直根性，自播能力强。
【繁殖方式】播种繁殖。
【观赏特征】植株高大，富有野趣，入秋后叶色艳丽，叶子呈现红、黄、橙 3 种颜色，因其属于苋科，故得名。
【园林应用】常作自然式丛植，或作花境背景；也可作基础栽植。因其高低差异大，缺乏整齐一致性，不宜作规则式种植或应用于花坛中。

香彩雀
Angelonia salicariifolia Humb.   玄参科、香彩雀属

【形态特征】一年生草本。株高 40～60cm，全体被腺毛。叶对生或上部互生，无柄，披针形或条状披针形，具尖而向叶顶端弯曲的疏齿。花单生叶腋，花瓣唇形，上方四裂，花梗细长。花期 6～9 月，高温地区可全年开花。
【地理分布】原产南美洲。
【主要习性】喜光；喜温暖、耐高温、不耐寒；宜疏松、肥沃且排水良好的土壤。
【繁殖方式】播种繁殖。
【观赏特征】花型小巧，花色淡雅，花量大，开花不断，观赏期长。
【园林应用】常用于布置花坛和花境，也可盆栽观赏。

金鱼草（龙口花、龙头花）
Antirrhinum majus L.

玄参科、金鱼草属

【形态特征】多年生草本，常作二年生栽培。株高 30～90cm，植株直立。茎基部木质化。叶基部对生，上部螺旋状互生，披针形至阔披针形，全缘。总状花序顶生；小花密生，二唇形，花冠大，外被绒毛；花有白、黄、红、紫等色或间色。花期 5～7 月。

【地理分布】原产南欧地中海沿岸及北非。我国园林习见栽培。

【主要习性】喜光，也耐半阴；喜凉爽，较耐寒，忌高温多湿；喜疏松、肥沃、排水良好的土壤。可自播繁衍。

【繁殖方式】播种繁殖为主，也可扦插繁殖。

【观赏特征】株形挺拔，花朵繁茂，花色丰富而艳丽，小花形似一只只五彩小金鱼，奇特别致。

【园林应用】高、中型品种宜作切花或花境材料；中、矮型品种可布置花坛、窗台和岩石园等。

雏菊（春菊、延命菊）
Bellis perennis L.

菊科、雏菊属

【形态特征】多年生草本，常作二年生栽培。植株低矮，株高 7～15cm。叶基生，匙形。花葶自叶丛中抽生，头状花序单生；花有白、粉、玫瑰红、紫、洒金等色。花期 4～6 月。

【地理分布】原产西欧。各地园林均有栽培。

【主要习性】喜全日照，也耐微阴；喜冷凉，较耐寒，忌炎热；对土壤要求不严；不耐水湿。

【繁殖方式】播种繁殖为主，也可分株和扦插繁殖。

【观赏特征】植株矮小整齐，花朵玲珑可爱，色彩和谐雅致，盛花时一片天真烂漫的景象。

【园林应用】常用于布置春季花坛，或作花境镶边材料；亦可盆栽观赏。

一、二年生花卉

红燃菜（红叶甜菜、莙荙菜）
Beta vulgaris var. *cicla* L.

藜科、燃菜属

【形态特征】二年生草本。叶丛生于根颈，叶片长椭圆状卵形，全缘，边缘常波状；肥厚而有光泽，深红或暗紫红色。花茎自叶丛中间抽生，花小，绿色。花期6～7月。

【地理分布】原产南欧。早年引入我国，在长江流域地区栽培广泛。

【主要习性】喜光，也稍耐阴；宜温暖、凉爽的气候；对土壤要求不严；喜肥。

【繁殖方式】播种繁殖。

【观赏特征】株形整齐，叶色艳丽，是极好的初冬、早春露地观叶植物。

【园林应用】常用于布置花坛，晚秋花坛或花境内与羽衣甘蓝配合，点缀秋色；也可盆栽观赏。

羽衣甘蓝（叶牡丹、彩叶甘蓝）
Brassica oleracea var. *acephala* L. f. *tricolor* Hort.

十字花科、芸薹属

【形态特征】二年生草本。株高30～40cm，植株直立无分枝。茎基部木质化。叶基生，矩圆状倒卵形，大而肥厚；叶柄粗而有翅，重叠着生于短茎上；叶缘呈细波浪状皱叠；叶色丰富。总状花序高可达1.2m。花期4月。主要观叶期为冬季。

【地理分布】原产西欧。我国大部分地区均有栽培。

【主要习性】喜阳光充足；喜冷凉，耐寒力不强，忌高温多湿；喜疏松、肥沃的沙质壤土。

【繁殖方式】播种繁殖。

【观赏特征】株丛整齐，叶形变化丰富，叶片色彩斑斓，一株羽衣甘蓝犹如一朵盛开的牡丹花，因而又名叶牡丹。

【园林应用】在我国华中以南地区能露地越冬。常用于冬季及早春的花坛；也可盆栽观赏。高型品种可作切花。

金盏菊（金盏花、黄金盏、长生菊）
Calendula officinalis L.　　　　　　　　　菊科、金盏菊属

【形态特征】一、二年生草本。株高 30～60cm，全株具毛。茎直立，有分枝。叶互生，长圆形至长圆状倒卵形，叶基部稍抱茎。头状花序单生，舌状花黄色，总苞 1～2 轮，苞片线状披针形。花期 4～6 月。

【地理分布】原产非洲加那利群岛至伊朗地中海沿岸一带。目前世界各地均有栽培。

【主要习性】适应性强，生长迅速。喜光；较耐寒，但不耐酷暑；耐瘠薄土壤。易自播繁衍。

【繁殖方式】播种繁殖。

【观赏特征】金盏菊花色金黄，花圆盘状，亭亭向上，形如金盏，故名。花形优美，花色鲜艳，盛开时一片灿烂。

【园林应用】常用于布置春季花坛；也可盆栽观赏或做切花材料。

翠菊（蓝菊、江西腊、七月菊）
Callistephus chinensis (L.) Nees.　　　　　菊科、翠菊属

【形态特征】一、二年生草本。株高 30～100cm。茎直立，有分枝。叶互生，叶卵形至长椭圆形，有粗钝锯齿。头状花序单生枝顶，花色丰富，有白、黄、橙、红、紫、蓝等色，深浅不一。瘦果。春播花期 7～10 月，秋播花期 5～6 月。

【地理分布】原产我国东北、华北、四川及云南各地。世界各国广泛栽培。

【主要习性】喜阳光充足；耐寒性不强，不喜酷热；喜适度肥沃、潮润而又排水良好的壤土或沙质壤土；忌涝。

【繁殖方式】播种繁殖。

【观赏特征】花型多样，开花繁茂，花色丰富鲜艳，花期长，是春、秋两季重要的园林花卉。

【园林应用】矮生和中型品种可用作花坛，也适宜盆栽观赏；高型品种布置花境，还可作切花。

一、二年生花卉

观赏辣椒（朝天椒、五色椒、樱桃椒）
Capsicum frutescens L.　　　　　　　　　茄科、辣椒属

【形态特征】多年生草本，常作一年生栽培。株高20~50cm。茎直立，半木质化，分枝多。单叶互生，全缘，卵圆形；叶片大小、色泽与果的大小色泽有相关性。花小，白色，单生叶腋。浆果直立、斜垂或下垂，指形、圆锥形或球形，幼果绿色，熟后红色、黄色或带紫色。

【地理分布】原产于南美。

【主要习性】喜阳光充足，耐热性强，不耐寒；喜湿润、肥沃的土壤。

【繁殖方式】播种繁殖。

【观赏特征】株型优雅，果形丰富多彩，色泽艳丽，点缀于绿叶间，玲珑可爱。

【园林应用】盆栽观赏；也可于夏、秋季节布置于花坛及花境。

长春花（日日草、山矾花、五瓣莲）
Catharanthus roseus (L.)G. Don　　　　　夹竹桃科、长春花属

【形态特征】多年生草本，常作一年生栽培。株高40~60cm。茎直立，多分枝。叶对生，长椭圆状至倒卵状，全缘或微波状；叶色浓绿而有光泽。花数朵或单朵腋生；有白、粉红及紫红等色。花期6~9月。

【地理分布】原产非洲东部、南非及美洲热带地区。我国南方部分地区有野生。

【主要习性】喜阳光充足，也耐半阴；喜温暖，不耐寒，忌干热；对土壤要求不严，耐瘠薄；忌水湿。

【繁殖方式】播种繁殖为主，也可扦插繁殖。

【观赏特征】株型优美，叶色翠绿鲜亮，开花繁茂，色彩艳丽，花期较长。

【园林应用】常用于夏季花坛，或植于种植钵及用于窗台、阳台等处；还可作室内盆栽以供秋冬观赏。

鸡冠花（鸡冠头、红鸡冠）
Celosia cristata L.

苋科、青葙属

【形态特征】一年生草本。株高 25～90cm。茎粗壮直立，光滑具棱。叶互生；卵状至线状，变化不一，全缘。穗状花序顶生，肉质，常扁平皱褶如鸡冠，具丝绒般光泽；中下部密生小花，成干膜质状；花被及苞片有深红、鲜红、橙黄、黄、白等色。花期8～10月。叶色与花色常有相关性。

【地理分布】原产东亚及南亚亚热带和热带地区。目前世界各地均有栽培。

【主要习性】喜阳光充足；喜炎热干燥，耐旱，不耐寒，怕霜冻；喜疏松、肥沃、排水良好的土壤，不耐瘠薄；耐旱，忌积水。可自播繁衍。

【繁殖方式】播种繁殖。

【观赏特征】鸡冠花因其花序红色、扁平皱褶，形似鸡冠而得名，享有"花中之禽"的美誉。因其品种繁多，花序形状色彩多样，鲜艳明快，具有很高的观赏价值。

【园林应用】矮型及中型品种常用于花坛或盆栽观赏；高型品种用于花境或切花，也可制成干花，经久不凋。

一、二年生花卉

矢车菊（蓝芙蓉、翠兰、荔枝菊）
Centaurea cyanus L.

菊科、矢车菊属

【形态特征】一年生草本。株高30～70cm。茎直立，枝细长，多分枝。基生叶长椭圆状披针形，全缘或有时提琴状羽裂，有柄；中部叶和上部叶线形无柄。头状花序，单生于枝顶。边缘舌状花为漏斗状，花瓣边缘带齿状；中央花管状，花有白、红、蓝、紫等色。花期暖地春季，寒地夏季。

【地理分布】原产欧洲东南部。

【主要习性】喜光，不耐阴，耐寒性强，喜冷凉，忌炎热；喜肥沃、湿润、排水良好的土壤。直根性。

【繁殖方式】播种繁殖。

【观赏特征】株型飘逸，姿态优美，花形别致，细致优雅，色彩丰富。

【园林应用】高型种适宜作花境；矮型种可用于花坛、盆花观赏；也可片植于路旁或形成缀花草地的景观，还可作切花材料。

桂竹香（香紫罗兰、黄紫罗兰）
Cheiranthus cheiri L.

十字花科、桂竹香属

【形态特征】多年生草本，常作二年生栽培。株高35～50cm。茎直立，多分枝。叶互生，披针形至狭披针形，全缘；两面均有伏生柔毛；花枝下部或不开花枝条末端常聚生多数叶片。总状花序顶生；花瓣橙黄、黄褐色或两色混杂；有香气。长角果，条形。花期4～5月。

【地理分布】原产南欧。

【主要习性】喜阳光充足；喜冷凉干燥，耐寒力弱，忌热；喜疏松、肥沃、排水良好的土壤；忌涝。可自播繁衍，不喜移植。

【繁殖方式】播种繁殖为主，也可扦插繁殖。

【观赏特征】群体花相整齐，花色丰富而艳丽，花具香气。

【园林应用】常用于布置春季花坛；也可作盆栽观赏或切花材料；还是很好的蜜源植物。

花环菊（三色菊、五色茼蒿菊）

Chrysanthemum carinatum Schousb.　　　　　菊科、茼蒿属

【形态特征】一、二年生草本。株高70~100cm，全株嫩绿多汁。茎直立，多分枝。叶互生，略肉质，光滑，多回细裂。头状花序顶生或腋生；舌状花基部为黄色，以外为白、雪青、深红等色，形成两轮不同的环状色带，中盘花深紫色，整个花序形成3轮不同的环状色带。花期4~6月。

【地理分布】原产北非摩洛哥及欧洲南部。

【主要习性】喜光，稍耐阴；喜冷凉，不耐寒，冬季需保护越冬，不耐酷暑；喜疏松、肥沃、深厚的土壤。

【繁殖方式】播种繁殖。

【观赏特征】花形圆润，盛开的花瓣上呈现出不同色彩组成的花环，五彩缤纷，绚丽多彩。

【园林应用】常用于布置春季花坛，或作花境栽植；也可盆栽观赏或作切花。

白晶菊

Chrysanthemum paludosum Poiret　　　　　菊科、茼蒿属

【形态特征】二年生草本。株高15~25cm。叶互生，1~2回羽状深裂或浅裂。头状花序顶生，盘状，边缘舌状花银白色，中央筒状花金黄色，花径3~4cm。株高长到15cm即可开花，花期从冬末至初夏，3~5月是其盛花期。

【地理分布】原产欧洲。

【主要习性】喜光充足，耐半阴；喜温暖，较耐寒；适宜生长在疏松、肥沃、排水性好的壤土中。

【繁殖方式】播种繁殖。

【观赏特征】植株低矮，花朵繁茂，边缘舌状花银白色，中央筒状花金黄色，色彩分明、鲜艳，成片栽培耀眼夺目。

【园林应用】适用于花坛、庭院布置；也可作为观花地被或形成缀花草地景观。

一、二年生花卉

醉蝶花（凤蝶草、西洋白花菜）
Cleome spinosa Jacq.

白花菜科、白花菜属

【形态特征】一年生草本。株高 60～120cm。植株有强烈的气味和黏质腺毛。掌状复叶，小叶 5～7 枚。总状花序顶生；花由底部向上层层开放；花瓣披针形向外反卷，雄蕊特长；花瓣白色到紫色。花期 7～9 月。
【地理分布】原产美洲热带。我国各地均有栽培。
【主要习性】喜阳光充足，稍耐半阴；喜温暖通风环境，耐热，不耐寒；喜富含腐殖质、排水良好的沙质壤土。可自播繁衍。
【繁殖方式】播种繁殖。
【观赏特征】醉蝶花的花色在开放过程中不断变化，由淡白转为淡红，最后呈现粉白色，加之小花雄蕊长长伸出花冠外，整朵小花恰似翩翩飞舞的粉蝶，异常美丽。
【园林应用】常用于花境、基础栽植，或于路边、林缘片植；亦可作切花；还是极好的蜜源植物。

彩叶草（洋紫苏、锦紫苏）
Coleus blumei Benth.

唇形科、鞘蕊花属

【形态特征】多年生常绿草本，北方作一年生栽培。株高 30～50cm。茎四棱形，少分枝。叶对生，卵形；叶面绿色，有红、黄、紫色等斑纹，因此名为彩叶草。花小，圆锥花序，淡蓝或带白色。坚果。花期夏、秋。
【地理分布】原产印度尼西亚。世界各地均有栽培。
【主要习性】喜阳光充足，生长季光照不足影响叶色，也耐半阴，忌夏季强光直射；喜温热，耐寒力不强；要求疏松、肥沃、排水良好的土壤。
【繁殖方式】播种或扦插繁殖。
【观赏特征】叶形多变，叶色变化及其绚丽多彩，观赏期长，是优良的彩色观叶植物。
【园林应用】常用于花坛、花境，特别适用于模纹花坛；也可作盆栽观赏。枝叶可作切花材料。

蛇目菊（两色金鸡菊、小波斯菊）

Coreopsis tinctoria Nutt.

菊科、金鸡菊属

【形态特征】一年生草本。株高 60～90cm。植株光滑多分枝。叶对生；基部叶有长柄，2～3回羽状深裂，裂片呈披针形；上部叶无柄或有翅柄。头状花序着生于枝顶，多数聚成伞房花序状；舌状花黄色，基部或中下部红褐色，管状花紫褐色。瘦果纺锤形。花期6～8月。

【地理分布】原产北美中部及西部。

【主要习性】喜阳光充足，也耐半阴；喜凉爽，耐寒力强，不耐炎热；耐干旱瘠薄。极易自播繁衍。

【繁殖方式】播种繁殖为主，也可扦插繁殖。

【观赏特征】株形优美，茎叶亮绿，花丛舒展飘逸，着花繁茂，花色亮丽。

【园林应用】高型种常用于自然丛植或片植；矮型种可作花坛、花境边缘装饰。

波斯菊（秋英、大波斯菊、扫帚梅）

Cosmos bipinnatus Cav.

菊科、秋英属

【形态特征】一年生草本。株高 120～150cm。茎纤细而直立，分枝多。叶对生，2回羽状全裂，裂片稀疏。头状花单轮，顶生或腋生；舌状花大，花瓣尖端呈齿状，有白、粉及深红色，管状花黄色。花期9～10月。

【地理分布】原产墨西哥及南美其他地区。我国各地均有栽培。

【主要习性】短日照植物，要求光线充足；喜温暖、凉爽气候，不耐寒，也忌酷热；不择土壤，耐干旱瘠薄，肥水过多易引起开花不良。可自播繁衍。

【繁殖方式】播种繁殖为主，也可扦插繁殖。

【观赏特征】植株高大，株形洒脱，花朵轻盈飘逸，花色淡雅。

【园林应用】常用作花境背景材料，或大面积植于篱边、宅边、崖坡，充满野趣；也可用作切花。

一、二年生花卉

硫华菊（黄波斯菊、硫黄菊）
Cosmos sulphureus Cav.

菊科、秋英属

【形态特征】一年生草本。株高100～200cm。多分枝。叶2回羽状深裂。头状花序着生于枝顶；舌状花由纯黄色、金黄色至橙黄色连续变化，管状花橙黄色至褐红色。瘦果棕褐色。花期6～8月。
【地理分布】原产于墨西哥。
【主要习性】性强健。喜阳光充足；不耐寒。可自播繁衍。
【繁殖方式】播种繁殖。
【观赏特征】植株高大，枝叶细长，花形优美且花色明艳，株形高低错落，富有野趣。
【园林应用】常于园林中丛植、片植，或自然式配植于林缘及缀花草地；矮生品种植株低矮紧凑、花头较密，可用于花坛及切花。

须苞石竹（五彩石竹、美国石竹）
Dianthus barbatus L.

石竹科、石竹属

【形态特征】多年生草本，常作一、二年生栽培。株高40～50cm。茎光滑，分枝直立。叶对生，阔披针形至长圆状披针形或狭椭圆形。花小，密集呈扁平聚伞花序；花有白、淡红、紫红等色，并有环纹、斑点、镶边等复色。花期5～6月。
【地理分布】原产欧洲、亚洲。
【主要习性】喜阳光充足，不耐阴；喜高燥、通风、凉爽的环境，耐寒性强；喜肥，也耐瘠薄；耐干旱。
【繁殖方式】播种繁殖为主，也可扦插繁殖。
【观赏特征】叶色青翠，花朵小而繁密，色泽鲜艳，花色丰富。
【园林应用】常用于花坛或花境栽植，也可盆栽观赏或作切花。

石竹（中国石竹、洛阳花）
Dianthus chinensis L.

石竹科、石竹属

【形态特征】多年生草本，常作一、二年生栽培。株高 20～40cm。叶对生；线状披针形，基部抱茎。花单生或数朵簇生于枝顶，花瓣浅裂呈牙齿状；花有粉红、白、紫红等色，有香气。花期 4～5 月。

【地理分布】原产中国。

【主要习性】喜阳光充足，不耐阴；喜高燥、通风、凉爽的环境，耐寒；喜肥，也耐瘠薄。

【繁殖方式】播种繁殖为主，也可扦插繁殖。

【观赏特征】石竹常生在山间坡地，与岩石为伴，叶又似竹叶，故得名。其株丛紧凑，叶色青翠，着花繁密，花色丰富，花期长，是园林中常用的花卉。

【园林应用】常用于花坛或花境；也可盆栽观赏或作切花；还可大量露地直播用作观花地被及缀花草地。

毛地黄（自由钟、洋地黄）
Digitalis purpurea L.

玄参科、毛地黄属

【形态特征】多年生草本，常作二年生栽培。株高 80～100cm，全株被灰白色短柔毛和腺毛。茎直立，少分枝。叶互生，基生叶有长柄，卵形至卵状披针形，茎生叶叶柄短，长卵形。总状花序顶生；花偏生一侧，花冠紫红色，花筒内侧浅白，并有暗紫色斑点及长毛。花期 5～6 月。

【地理分布】原产欧洲及亚洲西部。我国各地均有栽培。

【主要习性】喜阳光充足，也耐半阴；喜温暖，较耐寒，忌炎热；耐干旱瘠薄，喜中等肥沃、湿润、排水良好的土壤。

【繁殖方式】播种繁殖为主，也可分株繁殖。

【观赏特征】植株高大，花序挺拔，是花卉配置时很好的竖向线条材料，花形优美，色彩丰富而亮丽。

【园林应用】常用作花境，或作大型花坛的中心材料；也可自然式丛植观赏。

一、二年生花卉

花菱草（人参花、金英花）
Eschscholtzia californica Cham.

罂粟科、花菱草属

【形态特征】多年生草本，常作二年生栽培。株高 30 ~ 60cm，全株被有白粉，呈灰绿色。叶互生，多回 3 出羽状细裂。花单生于枝顶，具长梗，金黄色。果为细长蒴果。花期 5 ~ 6 月。
【地理分布】原产美国加利福尼亚州。我国华北、华中、华南均有栽培。
【主要习性】喜阳光充足；喜冷凉干燥，耐寒，忌高温；喜疏松肥沃、排水良好的沙质壤土；忌涝。花朵在阳光下开放，在阴天及夜晚闭合。可自播繁衍。
【繁殖方式】播种繁殖。
【观赏特征】枝叶细密，叶形优美，开花繁茂，花色艳丽，花期长，极具观赏价值。
【园林应用】常用于自然式群植或野花草地及地被景观，也可用于花境。

银边翠（高山积雪、象牙白）
Euphorbia marginata Pursh.

大戟科、大戟属

【形态特征】一年生草本。株高 50 ~ 60cm，全株具柔毛。茎、叶具乳汁，有毒。茎直立，上部叉状分枝。下部叶片互生，顶部叶片轮生；叶卵形，入夏后叶片边缘或叶片全部变为银白色。顶端小花 3 朵簇生。主要观叶期 7 ~ 8 月。
【地理分布】原产北美。我国各地均有栽培。
【主要习性】喜阳光；喜温暖，不耐寒；喜肥沃而排水良好的沙质壤土；忌湿、忌涝。可自播繁衍。
【繁殖方式】播种繁殖为主，也可扦插繁殖。
【观赏特征】夏季枝梢叶片边缘或大部分叶片变为银白色，远看宛若积雪，与下部绿叶相映，异常美丽。
【园林应用】常用于花坛、花境栽植；也可盆栽观赏，或作切花材料。

天人菊（虎皮菊、美丽天人菊）

Gaillardia pulchella Foug.

菊科、天人菊属

【形态特征】一年生草本。株高 30～50cm，全株具毛。茎直立，多分枝，披散。叶互生；近无柄，全缘或基部叶呈琴状羽裂。头状花序顶生，具长总梗；舌状花黄色，基部紫红色，筒状花紫色。花期 7～10 月。

【地理分布】原产北美。目前各地广泛栽培。

【主要习性】喜阳光充足，也耐半阴；喜温暖，耐热，耐寒性不强，能抗微霜；喜疏松肥沃、排水良好的土壤；耐干旱。

【繁殖方式】播种繁殖。

【观赏特征】花姿娇美，花朵楚楚动人，外围的舌状花呈现红、黄两色，色彩缤纷而艳丽。

【园林应用】常用于布置花境；也可丛植、片植于草坪、林缘等处。

千日红（火球花、千年红）

Gomphrena globosa L.

苋科、千日红属

【形态特征】一年生草本。株高 50～60cm。茎直立，上部多分枝。叶对生；长椭圆形或矩圆状倒卵形，全缘。头状花序单生于枝顶；花小而密生；每朵小花具 2 枚膜质发亮的小苞片，呈紫红色，干后不凋，色泽不褪。花期 8～10 月。

【地理分布】原产亚洲热带地区。目前世界各地广泛栽培。

【主要习性】性强健。喜阳光充足；喜温暖干燥，不耐寒，对土壤要求不严。

【繁殖方式】播种繁殖。

【观赏特征】千日红花期甚长，红色苞片组成的球状花序经久不凋，故名。盛花时宛若繁星点点，灿烂多姿。

【园林应用】常用于花坛、花境；也可盆栽观赏或作干花。

一、二年生花卉

向日葵（太阳花）
Helianthus annuus L.

菊科、向日葵属

【形态特征】一年生草本。株高 1～3m。茎直立、粗壮，圆形多棱角，被白色粗硬毛。叶通常互生，心状卵形或卵圆形，基出 3 脉，边缘具粗锯齿，两面粗糙，被毛，有长柄。头状花序，极大，直径 10～30cm，单生于茎顶或枝端，常下倾；总苞片多层，叶质，覆瓦状排列，被长硬毛；花序边缘生黄色的舌状花，不结实；花序中部为两性的管状花，棕色或紫色，结实。花期夏秋季节。

【地理分布】原产北美。世界各地均有栽培。

【主要习性】喜阳光充足；喜温暖，不耐寒；宜深厚、肥沃土壤。

【繁殖方式】播种繁殖。

【观赏特征】向日葵又叫朝阳花，因其花常朝着太阳而得名。植株高大挺拔，金黄色的花朵开似太阳，明亮大方，且具高、中、矮型及重瓣品种，极具观赏价值。

【园林应用】宜作背景材料或沿墙下、篱垣种植；中高品种可用于花境及做切花，矮生品种可布置花坛，亦可盆栽观赏。

麦秆菊（蜡菊、贝细工）
Helichrysum bracteatum (Vent.) Andr.

菊科、蜡菊属

【形态特征】一年生草本。株高 40～90cm，全株具微毛。茎粗壮直立，多分枝。叶互生，长椭圆状披针形，全缘。头状花序单生枝顶；总苞片多层，膜质，覆瓦状排列，外层苞片短，内部各层苞片伸长成花瓣状，有白、黄、橙、褐、粉红及暗褐色；管状花黄色。花期 7～9 月。
【地理分布】原产澳大利亚。我国园林习见栽培。
【主要习性】喜阳光充足；喜温暖，不耐寒，忌酷热；喜湿润、肥沃而排水良好的黏质壤土。
【繁殖方式】播种繁殖。
【观赏特征】植株直立，苞片膜质发亮如麦秆，颜色鲜艳繁多且经久不褪，花朵似贝壳细工雕刻而成，精致而美丽。
【园林应用】最宜作干花材料用于各种花艺装饰，或用于布置花坛；也可在林缘、路边自然丛植和群植观赏。

屈曲花（香屈曲花）
Iberis amara L.

十字花科、屈曲花属

【形态特征】二年生草本。株高 15～30cm，全株被稀疏柔毛。叶对生，倒披针形至匙形，先端具钝锯齿。伞房花序顶生，初为球形后伸长；花白色，具芳香。角果，较短。花期 5～6 月。
【地理分布】原产西欧。
【主要习性】喜阳光充足；喜冷凉，较耐寒，忌湿热；对土壤要求不严；忌涝。
【繁殖方式】播种繁殖。
【观赏特征】因有很强的向阳性，花茎总是弯曲朝着太阳的方向，故有屈曲花之名。其株丛低矮，开花繁茂，白色花序盛开如伞，洁白美丽。
【园林应用】常用于布置春季花坛；也可盆栽观赏。

一、二年生花卉

凤仙花（指甲花、金凤花、急性子）
Impatiens balsamina L. 　　　　凤仙花科、凤仙花属

【形态特征】一年生草本。株高30～80cm。茎肉质，节部膨大；青绿色或红褐色至深褐色，常与花色有关。叶互生；狭或阔披针形，边缘有锯齿。花朵侧垂，单生或多朵簇生于叶腋；花大；花色繁多，有紫红、朱红、雪青、玫红、白及杂色等。蒴果纺锤形。花期7～9月。

【地理分布】原产中国南部、印度及马来西亚。目前世界各国均有栽培。

【主要习性】喜光照充足；喜温暖，不耐寒冷；对土壤适应性强，但以潮润而又排水良好的土壤为宜。可自播繁衍。

【繁殖方式】播种繁殖。

【观赏特征】"其花头翅为足，俱翘翘然如凤状，故以名之"。果实似玲珑小桃，别致可爱。

【园林应用】常用于花坛、花境，或丛植、群植于园林中；也可盆栽观赏。

新几内亚凤仙
Impatiens hawkeri W. Bull 　　　　凤仙花科、凤仙花属

【形态特征】多年生草本，常作一年生栽培。株高25～30cm。茎肉质，光滑，分枝多，茎节突出。叶互生，有时上部轮生状，叶片卵状披针形，叶缘具锐锯齿，叶色黄绿至深绿色。花单生或数朵成伞房花序，花柄长。花期6～8月。

【地理分布】原产澳大利亚北部的新几内亚岛屿。现在我国各地均有栽培。

【主要习性】忌烈日曝晒；喜温暖湿润，不耐寒，怕霜冻；对土壤要求不严，但对盐害敏感；不耐旱，忌水渍。

【繁殖方式】播种或扦插繁殖。

【观赏特征】株型优美，花大色艳，花色丰富，花期甚长。

【园林应用】常用作园林盆花及花钵，也是作花坛、花境的优良素材。

非洲凤仙（苏氏凤仙）
Impatiens walleriana Hook. f.

凤仙花科、凤仙花属

【形态特征】多年生草本，常作一年生栽培。茎多汁，光滑，节间膨大，多分枝，在株顶呈平面开展。叶互生，卵形，边缘钝锯齿状。花腋生，1～3朵，花形扁平，花色丰富。花期7～10月。

【地理分布】原产非洲东部热带地区。现在我国各地均有栽培。

【主要习性】喜阳光充足；喜温暖湿润，不耐寒；喜疏松、肥沃和排水良好的土壤；怕水渍，不耐旱。

【繁殖方式】播种或扦插繁殖。

【观赏特征】叶色翠绿而有光泽，花朵繁茂，花色丰富而艳丽，花期持久。

【园林应用】常用于布置花坛、花带及花境，也是著名的装饰性盆花，广泛用于栽植箱、装饰容器、吊盆和制作花球、花柱、花墙等，还是窗台阳台装饰的常用花材。

地肤（绿帚、扫帚草）
Kochia scoparia (L.) Schrad.

藜科、地肤属

【形态特征】一年生草本。株高50～100cm。全株呈球形生长，直立性。分枝繁多而紧密。叶互生，条形；叶多数。穗状花序稀疏；花小，红色或略带褐红色。果实扁球形。

【地理分布】原产欧洲及亚洲中、南部地区。我国华北以南地区均有栽培。

【主要习性】喜阳光；不耐寒；对土壤要求不严，耐瘠薄，但一般以肥沃、疏松的土壤为宜；耐干旱。可自播繁衍。

【繁殖方式】播种繁殖。

【观赏特征】株丛圆润整齐，枝叶纤细柔软，嫩绿可爱，是极好的观叶植物。

【园林应用】常用作镶边材料，也可丛植或成片种植作地被；盆栽观叶亦可。

一、二年生花卉

香雪球（小白花）
Lobularia maritima (L.) Desv.

十字花科、香雪球属

【形态特征】生草本，常作一年生栽培。植株低矮，株高 15～20cm。叶互生；披针形，全缘。总状花序顶生；花朵密生，有白或淡紫等色，有微香。角果。花期 3～6 月。

【地理分布】原产欧洲及西亚。世界各地均有栽培。

【主要习性】喜光，稍耐阴；耐寒性不强，忌炎热；对土壤要求不严，但以排水良好的土壤为好；忌涝。可自播繁衍。

【繁殖方式】播种繁殖为主，也可扦插繁殖。

【观赏特征】植株低矮，白色品种花朵细腻洁白，盛开时一片银白色，紫色品种清雅芳香，美丽异常。

【园林应用】常用于花坛、岩石园，或作毛毡花坛镶边材料；也可盆栽观赏。花具芳香，是良好的蜜源植物，可与其他蜜源植物共同种植，吸引蜜蜂等昆虫，别具趣味。

紫罗兰（草桂花、草紫罗兰）
Matthiola incana (L.) R. Br.

十字花科、紫罗兰属

【形态特征】多年生草本常作二年生栽培。株高 30～60cm。全株被灰色星状柔毛。茎直立，基部稍木质化，有时有分枝。叶互生，长圆形至倒披针形，全缘。总状花序，顶生或腋生；花淡紫色或深粉红色。角果。花期 4～5 月。

【地理分布】原产欧洲地中海沿岸。我国各地均有栽培。

【主要习性】喜阳光充足，稍耐半阴；喜夏季凉爽、冬季温和气候，忌燥热，耐寒；喜疏松、肥沃、土层深厚、排水良好的土壤；喜湿润。直根性强。

【繁殖方式】播种繁殖。

【观赏特征】花序挺拔，着花繁茂，花瓣薄而有光泽，质似绫罗，花香清幽甜醇。

【园林应用】常用于花坛、花境、花带；也可盆栽观赏及用作切花。

美兰菊（黄帝菊、皇帝菊）
Melampodium paludosum Kunth

菊科、腊菊属

【形态特征】一年生草本。株高 30 ~ 50cm。分枝茂密。叶对生，阔披针形至长卵形，先端渐尖，边缘有锯齿。头状花序顶生，花朵星状；舌状花金黄色，管状花黄褐色。花期 6 ~ 11 月。
【地理分布】原产中美洲。我国各地有栽培。
【主要习性】喜阳光充足；喜温暖，不耐寒；对土壤要求不严，耐瘠薄；喜湿润；要求通风良好。可自播繁衍。
【繁殖方式】播种繁殖。
【观赏特征】植株低矮，枝叶茂密，金黄的小花在绿叶的衬托下，显得尤为灿烂与美丽。
【园林应用】常用作地被及布置花坛；也可盆栽或与其他花卉组合栽植于各种种植钵装饰环境。

紫茉莉（胭脂花、饭时花、地雷花）
Mirabilis jalapa L.

紫茉莉科、紫茉莉属

【形态特征】多年生草本，常作一年生栽培。株高 30 ~ 100cm。具地下块根。茎开展直立，多分枝。单叶对生；卵形或卵状三角形。花常数朵簇生枝端，有紫红色、黄色、白色或杂色。花期 6 ~ 9 月；花午后开放，次日午前凋萎。
【地理分布】原产美洲热带。目前世界各地广泛栽培。
【主要习性】在蔽荫处生长良好；喜温暖，不耐寒；喜肥沃轻松的土壤；喜湿。可自播繁衍。
【繁殖方式】播种繁殖为主，也可扦插或分株繁殖。
【观赏特征】株丛开展，花色丰富且多变，果实圆形，成熟后黑色，表面皱褶，形似地雷，别致有趣。
【园林应用】常于林缘大片自然栽植，或于房前屋后丛植；也宜作地被植物。矮生种可用于花坛、花境及盆栽。

一、二年生花卉

花烟草（烟草花、红花烟草）
Nicotiana sanderae Sander.

茄科、烟草属

【形态特征】一年生草本。株高约 30 ~ 80cm。全株均有细毛。基生叶匙形，茎生叶长披针形。圆锥花序顶生，花朵疏散；花有白、淡黄、桃红及紫红等色。蒴果。花期 8 ~ 10 月。

【地理分布】园艺杂交种，亲本原产南美。

【主要习性】喜光，对光照长短较为敏感，为长日照型植物；喜温暖，不耐寒；喜肥沃、疏松而湿润的土壤。可自播繁衍。

【繁殖方式】播种繁殖。

【观赏特征】株丛优美，开花繁茂，花色鲜艳丰富，盛开时绮丽美艳，颇受喜爱。

【园林应用】常用于花坛、花境栽植；也可散植于林缘、路边、庭院、草坪或树丛边缘作点缀；矮生品种还可盆栽观赏。

黑种草（黑子草）
Nigella damascena L.

毛茛科、黑种草属

【形态特征】一年生草本。株高 40 ~ 60cm。茎直立，纤细而多分枝。叶互生，2 ~ 3 回羽状深裂。花单生枝顶；花瓣卵状，基部空心，具蜜腺；有桃红、紫红、蓝紫或淡黄等色，初开色淡，以后色渐深。果膨大成囊状，中空，果皮为褐色具针状刺。蒴果，球状长圆形。花期 5 ~ 6 月。

【地理分布】原产欧洲。

【主要习性】喜阳光充足，也耐半阴；喜凉爽，不耐寒，不耐炎热，忌高温多湿；喜肥沃、疏松、排水良好的土壤。偶能自播繁衍。

【繁殖方式】播种繁殖。

【观赏特征】枝叶纤细秀丽，花色丰富，色彩淡雅，精致的小花在纤细的线状叶盈盈围抱之中，神秘优雅。

【园林应用】常用于布置花坛；也可作切花材料。

月见草

Oenothera biennis L.

柳叶菜科、月见草属

【形态特征】二年生草本。株高 100～120cm，全株具毛。根粗壮，肉质。茎分枝开展，绿色。基生叶狭倒披针形，茎生叶卵圆形，边缘具不整齐锯齿。花2朵簇生叶腋，下部花稀疏，向上渐密；花大，黄色；具香气；傍晚开花。蒴果。花期6～9月。

【地理分布】原产北美。

【主要习性】喜阳光充足；有一定的耐寒性，忌炎热；喜肥沃且排水良好的土壤；喜高燥。可自播繁衍。

【繁殖方式】播种繁殖。

【观赏特征】植株挺立，花大而美丽，花色淡雅，傍晚时开花，芳香宜人。

【园林应用】可作花境材料；也可丛植于路边、墙下等；尤适于布置夜花园。

美丽月见草

Oenothera speciosa Nutt.

柳叶菜科、月见草属

【形态特征】多年生草本，常作二年生栽培。株高 40～60cm。茎被长绵毛，幼苗时枝多侧卧而后上升。叶线形至线状披针形，具疏齿，基生叶羽裂。花较大，初开时白色，后为粉红色，由傍晚开放至次日上午。花期4～7月。

【地理分布】原产美国南部。我国各地有栽培应用。

【主要习性】喜光，稍耐阴；耐寒，不耐热；要求肥沃、排水良好的土壤；耐旱，忌积水。

【繁殖方式】播种繁殖。

【观赏特征】株丛紧凑，花大色雅，清香沁人，因其在傍晚开放，在夜幕中色彩更显明丽。

【园林应用】适宜在林缘、湖边或开阔的草坪丛植或片植，或布置花境、花坛；因傍晚开放，也是极好的夜花园植物材料。

一、二年生花卉

诸葛菜（二月兰）
Orychophragmus violaceus (L.) O.E. Schulz.　　　　十字花科、诸葛菜属

【形态特征】一、二年生草本。株高30～50cm。茎直立，光滑。基生叶近圆形，边缘有粗锯齿；下部叶羽状分裂；顶生叶肾形或三角状卵形，无叶柄；侧生叶歪卵形，有柄。顶生总状花序；花瓣呈十字形排列，有淡紫或深紫等色。花期3～5月。

【地理分布】原产我国东北及华北。在辽宁、河北、山东、山西、陕西、江苏等地广泛分布，常为野生状态。

【主要习性】耐阴性强，只要有一定的侧面光，就能生长良好，全光处的花量、花色更佳；耐寒性较强；对土壤要求不严。可自播繁衍。

【繁殖方式】播种繁殖。

【观赏特征】在温暖地区冬季绿叶葱葱，早春花开时一片蓝紫色，异常美丽壮观，也极富野趣。

【园林应用】常用于地被植物，形成富有田园风光的早春景观。

虞美人（丽春花）
Papaver rhoeas L.

罂粟科、罂粟属

【形态特征】一、二年生草本。株高40～80cm，全株被绒毛。茎细长，直立。叶互生；长椭圆形，不整齐羽状深裂。花单生，含苞时下垂，开花后花朵向上；花梗细长；花色丰富，有白、粉、红等深浅变化。花期4～6月。

【地理分布】原产欧洲中部及亚洲东北部。我国各城市均有栽培。

【主要习性】喜阳光充足；喜凉爽，忌高温，能耐寒；喜排水良好、肥沃的沙壤土。直根性，不耐移植。

【繁殖方式】播种繁殖。

【观赏特征】虞美人花色艳丽，姿态轻盈动人。花蕾未开放时下垂，随花盛放逐渐抬头。花瓣薄而有光泽，似绢；微风吹过，花枝轻轻摇曳，花冠翩翩起舞。

【园林应用】常与其他茎叶稀疏、早春开花的球根花卉混植于花境、花坛中，或遍植于庭院四周；也可盆栽观赏。

矮牵牛（碧冬茄、林芝牡丹）
Petunia hybrida Vilm.

茄科、碧冬茄属

【形态特征】多年生草本，常作一、二年生栽培。株高20～60cm，全株具腺毛。叶卵形，全缘；上部叶对生，下部叶互生。花单生叶腋或枝端；花冠漏斗形；色彩丰富，包括白色系、红色系、蓝紫色系及复色系。花期4～10月。

【地理分布】原种原产南美。

【主要习性】喜阳光充足，也耐半阴；喜温暖，不耐寒；喜肥沃、疏松而排水良好的沙质土；忌积水。

【繁殖方式】播种繁殖为主，也可扦插繁殖。

【观赏特征】植株低矮，株型紧凑，有直立与蔓性、大花与小花等各色品种，开花繁茂，花大且色彩丰富，花期甚长。

【园林应用】常用于花坛、花带，或作自然式群植；也可用于装点窗台及各种立体花卉景观；还可盆栽观赏。

一、二年生花卉

半支莲（死不了、太阳花、松叶牡丹）
Portulaca grandiflora Hook.　　　　　　　　马齿苋科、马齿苋属

【形态特征】一年生草本。植株低矮，株高15～20cm。茎匍匐状或斜生。叶散生或丛生；圆柱形，肉质。花单生或数朵簇生枝顶；有白、粉、红、黄色及具斑纹等复色品种。蒴果。花期6～8月。

【地理分布】原产南美洲。我国各地均有栽培。

【主要习性】喜阳光充足，在阴暗潮湿处生长不良；喜高温干燥，不耐寒；耐干旱瘠薄；不耐水涝。可自播繁衍。见阳光花开，早、晚、阴天闭合。

【繁殖方式】播种繁殖为主，也可扦插繁殖。

【观赏特征】株矮叶茂，色彩丰富而鲜艳，单瓣品种花朵轻盈雅致，重瓣品种则形似牡丹，在阳光下开得尤为繁盛艳丽，具有极高的观赏价值。

【园林应用】园林中常群植或作地被，也可用于美化树池及布置自然式花坛，窗台栽植或盆栽观赏亦可。

蓖麻
Ricinus communis L.　　　　　　　　大戟科、蓖麻属

【形态特征】一年生草本，在热带或南方地区常作多年生栽培。茎柔韧，中空，有节且节节分枝。单叶互生，具长柄，掌状分裂，一般7～11个裂片，叶缘锯齿状。圆锥花序，单性花，无花瓣。蒴果球形，红色，簇生。花期5～8月，果期7～10月。

【地理分布】原产非洲东部。现我国各地均有栽培。

【主要习性】喜阳；喜高温，耐热，不耐霜；对土壤要求不严，酸碱适应性强。

【繁殖方式】播种繁殖。

【观赏特征】植株高大，叶型美观，花果奇特，果实外皮披软刺，密生绒毛状，如鲜红的绣绒球，非常吸引人。

【园林应用】常植于庭院、宅旁或用作背景材料。

一串红（墙下红、西洋红）

Salvia splendens Ker. -Gawl.　　　　　唇形科、鼠尾草属

【形态特征】多年生草本，常作一年生栽培。株高约 50～80cm。茎光滑，直立。叶对生；卵形或卵圆形，边缘有锯齿。总状花序顶生，被红色柔毛；小花 2～6 朵，轮生；花冠唇形。坚果，种子成熟后呈浅褐色。花期 7～10 月。
【地理分布】原产南美巴西。我国各地广泛栽培。
【主要习性】喜阳光充足，也耐半阴；喜温暖湿润，忌干热，不耐寒；喜疏松、肥沃、排水良好的土壤。
【繁殖方式】播种繁殖为主，也可扦插繁殖。
【观赏特征】一串红因其总状花序由一串十几朵红色小花组成而得名；每串花似一挂爆竹，因而又名爆竹红。其植株紧凑，花色极为鲜艳亮丽，成片种植时，蔚为壮观。另有白色、紫色及各种高度的品种。
【园林应用】矮型品种常用作花坛、花带；中高型品种可自然式丛植和布置花境，亦可与其他花卉组合布置各种花钵。

朱唇（红花鼠尾草）

Salvia coccinea Juss. ex Murr.　　　　唇形科、鼠尾草属

【形态特征】多年生草本，常作一年生栽培。株高 30～60cm，全株有毛。叶卵形或三角状卵形，边缘有齿，叶背具灰白色短绒毛。总状花序顶生，花萼筒状钟形，绿色或微晕紫红色；花冠唇形，鲜红色。花期 7～8 月。
【地理分布】原产北美南部。
【主要习性】喜阳光充足，耐半阴；喜温暖，不耐寒；宜疏松肥沃、排水良好的土壤。
【繁殖方式】播种或扦插繁殖。
【观赏特征】株丛整齐秀丽，花姿轻盈明媚，花色绯红，清晰明快，恬静自然。
【园林应用】常用于花坛、花境，也可林缘自然式种植或片植作地被；还可盆栽观赏。

一、二年生花卉

蓝花鼠尾草（一串蓝、粉萼鼠尾草）
Salvia farinacea Benth.

唇形科、鼠尾草属

【形态特征】多年生草本，常作一年生栽培。株高 30～60cm，全株被短柔毛。茎基部木质化，多分枝。叶卵形，全缘或具波状浅齿。总状花序顶生，多花密集，密被白或青蓝色绵毛，花萼管状钟形，青蓝色。花期 7～9 月。
【地理分布】原产北美南部。
【主要习性】喜阳光充足，不耐阴；喜温暖，不耐寒；宜疏松、肥沃、排水良好的土壤；耐旱、耐修剪。
【繁殖方式】播种或扦插繁殖。
【观赏特征】青蓝色的花序整齐美观，在夏季成片种植的蓝花鼠尾草开花后形成大片蓝紫色的花海，给人以明快、悠远的感觉。
【园林应用】适于布置花坛、花境，也可在林缘、路旁成片种植；还可盆栽观赏。

桂圆菊（桂圆花、金钮扣）
Spilanthes oleracea L.

菊科、金钮扣属

【形态特征】一年生草本。株高 40～50cm，全株微具短柔毛，分枝众多。单叶对生，广卵形，暗绿色，具波状锯齿。头状花序圆筒状；筒状花黄褐色带绿色，后渐变为褐色。瘦果，扁平。花期 7～10 月。
【地理分布】原产亚洲热带。
【主要习性】喜阳光充足；喜温暖；喜疏松、肥沃及排水良好的土壤；喜湿润，忌干旱。
【繁殖方式】播种繁殖。
【观赏特征】桂圆菊头状花序圆筒形，黄褐色，似颗颗桂圆，故名；又似粒粒钮扣，因而又名金钮扣，别致有趣。
【园林应用】常用于布置花坛、花境，宜与其他花色亮丽的植物配植，也可盆栽观赏。

万寿菊（臭芙蓉、蜂窝菊）
Tagetes erecta L.

菊科、万寿菊属

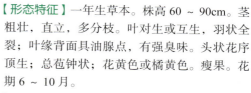

【形态特征】一年生草本。株高 60～90cm。茎粗壮，直立，多分枝。叶对生或互生，羽状全裂；叶缘背面具油腺点，有强臭味。头状花序顶生；总苞钟状；花黄色或橘黄色。瘦果。花期 6～10 月。

【地理分布】原产墨西哥及美洲地区。各地广泛栽培。

【主要习性】喜阳光充足，稍耐阴；喜温暖，不耐高温酷暑，能耐早霜；对土壤要求不严；耐干旱。耐移栽，可自播繁衍。

【繁殖方式】播种繁殖为主，可以扦插繁殖。

【观赏特征】花大色艳，花期长。

【园林应用】矮型品种常用于布置花坛，尤其是"国庆"期间常与一串红搭配作花坛的主体材料；也可用于花丛、花境；还可栽植于各种种植钵。高型品种可作切花水养。

孔雀草（红黄草、小万寿菊）
Tagetes patula L.

菊科、万寿菊属

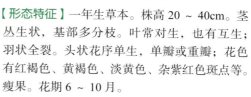

【形态特征】一年生草本。株高 20～40cm。茎丛生状，基部多分枝。叶常对生，也有互生；羽状全裂。头状花序单生，单瓣或重瓣；花色有红褐色、黄褐色、淡黄色、杂紫红色斑点等。瘦果。花期 6～10 月。

【地理分布】原产墨西哥及美洲地区。各地广泛栽培。

【主要习性】喜阳光充足，稍耐阴；喜温暖，不耐高温酷暑，能耐早霜；耐干旱，对土壤要求不严；忌多湿。耐移栽，可自播繁衍。

【繁殖方式】播种繁殖为主，也可扦插繁殖。

【观赏特征】花大色艳，花期较长。

【园林应用】常用于花坛栽植；也可盆栽观赏。

一、二年生花卉

夏堇（蓝猪耳、花公草）
Torenia fournieri Linden. ex Fourn.

玄参科、蝴蝶草属

【形态特征】一年生草本。株高15~30cm。株形披散，多分枝。茎四棱，光滑。叶对生，叶缘有细锯齿。花腋生或顶生总状花序；花冠二唇状，上唇浅紫色，下唇深紫色；喉部有醒目的黄色斑点。花期7~10月。
【地理分布】原产亚洲热带。
【主要习性】喜光，耐半阴，喜温热，不耐寒；对土壤适应性较强；耐旱。可自播繁衍。
【繁殖方式】播种繁殖。
【观赏特征】叶色淡绿，花姿轻逸，花朵小巧，花色丰富，每朵花喉部有醒目的黄色斑点，奇特别致。
【园林应用】常用于花坛及花境种植，或布置窗台、阳台及吊盆观赏。

毛蕊花
Verbascum thapsus L.

玄参科、毛蕊花属

【形态特征】二年生草本。株高1~1.5m，全株被密而厚的黄色星状绒毛。茎粗壮，直立无分枝。基生叶和下部茎生叶倒披针状长圆形，边缘具浅圆齿；上部茎生叶逐渐缩小为长圆形至卵状长圆形。穗状花序圆柱形，长达30cm，花密集，数朵簇生在一起；花冠黄色。花期6~8月。
【地理分布】原产欧亚温带地区。我国新疆、西藏、云南、四川有分布。
【主要习性】喜光；喜凉爽，耐寒；喜排水良好的土壤；耐干旱，忌水湿。
【繁殖方式】播种繁殖。
【观赏特征】植株高大挺拔，全株被白色绵毛，花序硕大，极具观赏价值。
【园林应用】常用于花境或作背景材料，也可于林缘隙地丛植。

美女樱（美人樱）
Verbena hybrida Voss

马鞭草科、马鞭草属

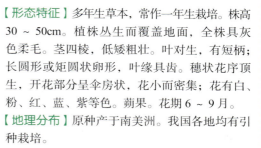

【形态特征】多年生草本，常作一年生栽培。株高30～50cm。植株丛生而覆盖地面，全株具灰色柔毛。茎四棱，低矮粗壮。叶对生，有短柄；长圆形或矩圆状卵形，叶缘具齿。穗状花序顶生，开花部分呈伞房状，花小而密集；花有白、粉、红、蓝、紫等色。蒴果。花期6～9月。

【地理分布】原种产于南美洲。我国各地均有引种栽培。

【主要习性】喜阳光充足，不耐阴；喜温暖，有一定的耐寒能力，忌高温多湿；对土壤要求不严；不耐干旱。

【繁殖方式】播种或扦插繁殖。

【观赏特征】植株低矮，分枝细密，花开似锦，花色丰富而秀丽，每朵花花冠中央有一明显的白色或浅色的圆形的"眼"，浪漫别致。

【园林应用】常用于布置花坛，或作路旁及花境的边缘点缀；也可作盆栽观赏。

角堇
Viola cornuta L.

堇菜科、堇菜属

【形态特征】多年生草本，常作二年生栽培。株高10～30cm。茎较短而稍直立。叶互生，长卵形，基生叶近圆心形，叶缘有圆缺刻。花径2.5～3.7cm，堇紫色，也有复色，白色，黄色变种，距细长。花期4～6月。

【地理分布】原产于北欧。

【主要习性】喜光；喜凉爽，忌高温，耐寒性强；喜肥沃疏松、富含有机质的土壤。

【繁殖方式】播种繁殖。

【观赏特征】植株低矮，花朵繁密，花型小巧玲珑，多姿多彩，花色瑰丽，色彩丰富。

【园林应用】常用于布置早春花坛，也可作镶边植物或作春季球根花卉的"衬底"栽植；还可盆栽观赏。

一、二年生花卉

三色堇（蝴蝶花、人面花、猫儿花）
Viola tricolor var. *hortensis* DC.　　　　　　　　堇菜科、堇菜属

【形态特征】多年生草本，常作二年生栽培。株高 15～25cm。植株丛生状，多分枝。叶互生；基生叶近圆心形，茎生叶卵状长圆形或宽披针形，边缘有圆钝锯齿；托叶大而宿存。花单生于花梗上或腋生；花大，有黄、紫、白三色，或单色。花期 4～6 月。

【地理分布】原产欧洲南部。世界各地均有栽培。

【主要习性】喜光，较耐半阴；喜凉爽，较耐寒；喜肥沃疏松、富含有机质的土壤。

【繁殖方式】播种繁殖。

【观赏特征】三色堇常一朵花上同时呈现黄、白、紫 3 种颜色，故而得名；每一朵花都状若一只彩色的蝴蝶落于叶丛中，小巧可爱。园艺栽培品种极多，有各种色彩。

【园林应用】最宜布置春季花坛，或植于路缘及装点草坪；也可作窗盒和种植钵种植。

小百日草
Zinnia angustifolia HBK　　　　　　　　　　　　菊科、百日草属

【形态特征】一年生草本。株高 30～50cm，全株具毛，多分枝。叶对生，长圆形至卵状长圆形。头状花序小，花多；舌状花单轮，深黄色或橙黄色，瓣端及基部色略深，中盘花突起，花开后转暗褐色。花期夏秋季。

【地理分布】原产墨西哥。

【主要习性】喜阳光充足；喜温暖，忌酷暑；喜肥沃、深厚的土壤；耐干旱。

【繁殖方式】播种繁殖。

【观赏特征】株丛细致，花色鲜艳亮丽，花期较长。

【园林应用】适用于花坛及各种种植钵，也可布置树池及花缘。

百日草（百日菊、步步高）
Zinnia elegans Jacq.

菊科、百日草属

【形态特征】一年生草本。株高 50～90cm。茎被粗毛，直立。叶对生；卵圆形，基部抱茎。头状花序单生枝顶；总苞钟状；舌状花倒卵形，有白、黄、红、紫色等，管状花橙黄色。花期 6～9 月。

【地理分布】原产南北美洲，以墨西哥为分布中心。我国南北各大中城市常见栽培。

【主要习性】喜阳光充足；喜温暖，忌酷暑；喜肥沃、深厚的土壤；耐干旱。

【繁殖方式】播种繁殖为主，也可扦插繁殖。

【观赏特征】开花繁茂，花朵高低错落有致，花色丰富而艳丽，花期长，观赏价值高。

【园林应用】常用于花坛种植；也可植于花境。其中矮型品种还可盆栽观赏，高型品种是优良的切花材料。

宿根花卉

蓍草（锯齿草、蜈蚣草、羽衣草）
Achillea alpina L.　　　　　　　　　　　　　　　菊科、蓍草属

【形态特征】多年生草本。株高 60～100cm，全株密被柔毛。茎直立，上部分枝。叶互生，披针形，缘锯齿状或羽状浅裂，基部裂片抱茎。头状花序伞房状着生；边缘为舌状花，白色或淡红色，顶端有 3 小齿；中央为可育的筒状花，白色或淡红色。花期 7～9 月。

【地理分布】原产东亚、西伯利亚及日本。我国东北、华北、江苏、浙江一带均有分布。

【主要习性】适应性强，对环境要求不严格。全日照和半阴条件均能生长；耐寒；对土壤要求不高，但以疏松、肥沃、排水良好的沙壤土最好。

【繁殖方式】播种或分株繁殖。

【观赏特征】茎上叶羽状浅裂，多似千条蜈蚣状，饶有情趣，花序大且平展，开花繁茂，覆盖性强。

【园林应用】常用作花坛、花境材料；也适合布置于林缘、路旁、屋旁及山坡向阳处；还可作切花用。

凤尾蓍（蕨叶蓍、黄花蓍草）
Achillea filipendulina Lam.　　　　　　　　　　　菊科、蓍草属

【形态特征】多年生草本。株高 100cm 左右。茎具纵沟及腺点，有香气。羽状复叶，椭圆状披针形；小叶羽状细裂，叶轴下延；茎生叶稍小，上部叶线形刺毛状。头状花序伞房状着生，鲜黄色；边缘花舌状或筒状。花期 6～9 月。

【地理分布】原产高加索。

【主要习性】性强健，对环境要求不严格。喜光照充足，也能耐半阴；耐寒性强；对土壤要求不高，略具肥力即能生长良好。

【繁殖方式】播种或分株繁殖。

【观赏特征】叶形秀丽，花序大，颜色鲜亮，开花繁茂，能形成平展的水平面。

【园林应用】多用于花境或花坛布置；矮生种可用于岩石园，野趣盎然；高生种适于作切花，水养持久。

宿根花卉

千叶蓍（西洋蓍草）
Achillea millefolium L.

菊科、蓍草属

【形态特征】多年生草本。株高60～100cm。茎直立，上部有分枝，密生毛。叶矩圆状披针形，2～3回羽状深裂至全裂，裂片线形。头状花序伞房状着生，花径5～7cm，花白色。花期6～10月。
【地理分布】原产欧洲、亚洲及美洲。我国东北、西北有野生。
【主要习性】适应性强，对环境要求不严格。全日照和半阴条件均能生长；耐寒；对土壤要求不高，非常耐瘠薄。
【繁殖方式】播种或分株繁殖。
【观赏特征】叶鲜绿色，叶形秀丽，花序大，开花繁茂，有很高的观赏价值。
【园林应用】在园林中多用于花境和花坛布置，或群植于林缘形成花带；有些矮小品种可布置于岩石园。

蜀葵（一丈红、熟季花、端午锦）
Althaea rosea Cav.

锦葵科、蜀葵属

【形态特征】多年生草本。株高可达2～3m。茎直立，无分枝或少分枝。叶互生，心脏形。花大，单生叶腋或聚成顶生总状花序，单瓣或重瓣，有红、白、紫、粉、黄等色。蒴果，种子扁圆，肾脏形。花期6～8月。
【地理分布】原产中国四川。我国华东、华中、华北等地均有广泛分布。
【主要习性】喜阳光充足，也耐半阴，耐寒，在华北地区可以安全露地越冬；喜深厚、肥沃的土壤；忌涝。
【繁殖方式】播种繁殖为主，也可分株和扦插繁殖。
【观赏特征】蜀葵花原产于我国，因在四川最早发现故名蜀葵。又因其植株高大，可达3m，故有"一丈红"之名。花色丰富而艳丽，花大且重瓣性强。
【园林应用】适用于作花境的背景材料；常于院落、路侧、建筑物前列植或丛植，可组成繁花似锦的绿篱、花墙及花径。

大火草
Anemone tomentosa (Maxim.) Pei

毛茛科、银莲花属

【形态特征】多年生草本植物。基生叶为3出复叶，间或有1～2枚单叶，小叶卵形，边缘有粗锯齿，上面被短伏毛，下面被白色绒毛。花葶高40～100cm，密生短绒毛，聚伞花序2～3回分枝；5枚萼片，白色或粉红色，倒卵形；无花瓣。花期夏秋。

【地理分布】原产中国西藏地区，西北、河北、河南、四川等地均有分布。

【主要习性】喜阳光充足，也较耐阴；喜凉爽湿润气候，耐寒；耐瘠薄，但宜肥沃的沙质土壤；耐干旱。

【繁殖方式】分株或播种繁殖。

【观赏特征】植株挺拔，姿态潇洒，花多，花期长，花大而美丽，具有很好的观赏价值。

【园林应用】适宜作岩石园材料，或林缘、草坡大片栽植，亦可作花境材料。

春黄菊（西洋菊）
Anthemis tinctoria L.

菊科、春黄菊属

【形态特征】多年生宿根草本。株高30～60cm，具浓香气味。茎直立，具纵沟棱，上部常分枝，被白色疏绵毛。叶2回羽状全裂，裂片长圆形或卵形，具锯齿。头状花序，单生枝顶，有长梗；花鲜黄色。花期7～10月。

【地理分布】原产欧洲及近东。

【主要习性】喜阳光充足，耐半阴；喜凉爽，耐寒；适宜生长在排水良好的沙质壤土中。

【繁殖方式】播种或分株繁殖。

【观赏特征】植株生长整齐，叶片丝状，常匍匐于地面生长，状如绿色地毯；其花色鲜艳，花期长。

【园林应用】适宜布置夏季花坛或用作花境、岩石园材料；也可作切花用。

宿根花卉

杂种耧斗菜（大花耧斗菜）
Aquilegia hybrida Hort.

毛茛科、耧斗菜属

【形态特征】多年生草本。株高约90cm。茎多分枝。叶丛生，2～3回3出复叶。花朵侧向开展；萼片及距较长，花朵先端圆唇状；花色丰富，有紫红、深红、黄等深浅不一的色彩；花期5～8月。
【地理分布】园艺杂交种，亲本原产美国。
【主要习性】喜半阴；耐寒性强，忌酷暑；要求肥沃、湿润排水良好的沙质壤土；忌干旱。
【繁殖方式】分株繁殖为主，也可播种繁殖。
【观赏特征】叶形优美，花形独特，有很高的观赏价值。
【园林应用】常用作花境、花坛和岩石园的配置材料；也可作切花。

宽叶海石竹
Armeria pseudarmeria (Murray) Mansf.

蓝雪科、海石竹属

【形态特征】多年生常绿草本。株高约30cm，丛生。叶狭长，淡灰绿色，叶丛高12cm。头状花序球形，花葶高出叶丛，花径约3cm；花色粉红或紫红。花期4～6月。
【地理分布】原产欧洲、美洲。
【主要习性】喜阳光充足；耐寒性强；宜排水良好的土壤。
【观赏特征】叶丛秀美，花葶高高地突出叶面，花姿小巧可爱，花色鲜艳，花形独特、优雅，异常美丽。
【园林应用】可布置于花坛、花境或岩石园；群植可形成非常美丽的景观。

美国紫菀
Aster novae-angliae L.

菊科、紫菀属

【形态特征】多年生草本。株高60～150cm，全株被粗毛。叶披针形至广线性，全缘，具黏性茸毛，叶基稍抱茎。头状花序，多数排成伞房状；舌状花紫色、堇色，管状花带黄色、红色、白色或紫色。花期9～10月。

【地理分布】原产北美东北部。现我国广泛栽培。

【主要习性】喜阳光充足；喜凉爽，耐寒性强；宜湿润肥沃、排水良好的土壤。

【繁殖方式】播种、分株和扦插繁殖均可。

【观赏特征】枝叶繁茂，花色丰富，且花量极大，盛花期时，繁密的花朵可以将植株完全覆盖，是夏秋季节园林中优秀的观赏花卉。

【园林应用】适宜种植于花坛、花带及道路两旁，也可以与其他花卉组合成花境；还可盆栽观赏。

荷兰菊（柳叶菊）
Aster novi-belgii L.

菊科、紫菀属

【形态特征】多年生草本。株高50～150cm，全株被粗毛。茎丛生，粗壮，多分枝。叶线状披针形，光滑，近全缘。头状花序伞房状着生，花较小，径约2.5cm；花紫红、淡蓝或白色。花期8～10月。

【地理分布】原产北美。我国各地均有栽培。

【主要习性】喜阳光充足；耐寒性强；宜疏松肥沃、排水良好的土壤；耐旱；喜通风良好的环境。

【繁殖方式】以分株和扦插繁殖为主，也可播种繁殖。

【观赏特征】枝繁叶茂，开花整齐，花色淡雅。

【园林应用】多用作花坛、花境材料；也可在路旁、林缘片植或丛植，体现野趣之美；或作盆花、切花。

宿根花卉

落新妇（升麻、虎麻）
Astilbe chinensis Franch et Sav.

虎耳草科、落新妇属

【形态特征】多年生草本。株高 40～80cm。地下根状茎粗壮，呈块状；茎直立，密被褐色长毛。叶边缘有重锯齿，基生叶为 2～3 回 3 出羽状复叶，具长柄；茎生叶 2～3 枚，较小。圆锥花序与茎生叶对生，小花密集，花瓣 4～5 枚；花红紫色。蒴果。花期 6～7 月。

【地理分布】原产我国，广泛分布于长江中下游。朝鲜、前苏联也有分布。

【主要习性】耐半阴；耐寒，忌高温干燥；喜疏松肥沃、湿润、排水良好的土壤；忌涝。

【繁殖方式】分株或播种繁殖。

【观赏特征】植株挺立，花序密集而紧簇，呈火焰状，花色丰富而艳丽，观赏价值高。

【园林应用】可作为花境中的竖向线条材料，或于花坛、溪边林缘和疏林下栽植；亦可盆栽或作切花。

【常见品种】
'粉美人'落新妇（*A. chinensis* 'Vision in Pink'）
'红美人'落新妇（*A. chinensis* 'Vision in Red'）

射干（扁竹）
Belamcanda chinensis (L.) DC.

鸢尾科、射干属

【形态特征】多年生草本。茎高 30～90cm。根状茎匍匐生。叶基生，无柄，扁平，剑形，排成 2 列，叶基抱茎。聚伞花序顶生，花被片 6，2 轮，内轮 3 片较外轮 3 片稍短小，外轮先端外卷，橘红至橘黄色，具紫红色斑点。蒴果。花期 7～8 月。

【地理分布】原产中国和日本。广泛分布于全国各地。

【主要习性】喜阳光充足；耐寒力强；不择土壤，在湿润、排水良好的沙质土壤中生长最好。

【繁殖方式】分株或播种繁殖。

【观赏特征】株丛健壮，叶色翠绿，花色艳丽。

【园林应用】园林中常丛植或用于花境；可作基础栽植；部分品种也是切花的优良花材。

四季秋海棠（瓜子海棠）

Begonia semperflorens Link et Otto

秋海棠科、秋海棠属

【形态特征】多年生常绿草本。株高 70～90cm。茎直立，肉质，光滑，具须根。叶互生，卵形至广椭圆形，具细锯齿及缘毛，叶基部偏斜，绿色、古铜色或深红色。腋生聚散花序，花单性，雌雄同株；雄花较大，花瓣 2 片，宽大，2 枚萼片较窄小；雌花稍小，花被片 5；花色有白、粉、红等色。花期全年。

【地理分布】原产南美巴西。

【主要习性】喜半阴环境，忌阳光直射；喜温暖，耐寒性差；喜疏松、富含有机质的土壤；忌干燥和积水。

【繁殖方式】播种、扦插及分株繁殖皆可。

【观赏特征】叶片晶莹翠绿，花繁茂而玲珑娇艳，四季开放，且稍带清香。

【园林应用】常用作花坛材料；或盆栽作室内观赏，宜置于书桌、几案或悬吊于窗前壁下；也是有名的阳台、窗台花卉，与矮牵牛、天竺葵并称"阳台三美"。

白屈菜

Chelidonium majus L.

罂粟科、白屈菜属

【形态特征】多年生草本。株高 30～90cm。茎直立，多分枝，具白色细长柔毛。叶互生，有长柄，1～2 回羽状全裂，叶上面绿色，下面绿白色，有白粉。花数朵呈伞形聚伞花序，花瓣 4，亮黄色，倒卵形。蒴果，细圆柱形，长角果状，直立。花期 5～6 月。

【地理分布】原产中国，全国各地有分布。

【主要习性】喜阳光充足，耐寒，耐热；不择土壤；耐干旱，耐修剪。种子自播能力强。

【繁殖方式】播种或分株繁殖。

【观赏特征】花繁叶茂，花朵亮黄色，片植极具有野趣。

【园林应用】适用于花境，也可片植于林缘或滨水处；全株可入药。

宿根花卉

大滨菊
Chrysanthemum maximum Ram.

菊科、滨菊属

【形态特征】多年生草本。株高 40～60cm。基生叶倒披针形，具长柄，茎生叶无柄，线形。头状花序单生于茎顶；舌状花白色，有香气；管状花两性，黄色。花期 6～7 月。
【地理分布】原产英国。现各地均有栽培。
【主要习性】喜阳光充足，能耐半阴；喜温暖湿润，耐寒性强；对土壤要求不严。
【繁殖方式】播种或分株繁殖。
【观赏特征】花梗挺立，枝叶茂密，花色黄白相间，淡雅怡人。
【园林应用】常用于布置花坛、花境；亦可作切花材料。

大叶铁线莲（草本女萎）
Clematis heracleifolia DC.

毛茛科、铁线莲属

【形态特征】多年生草本。株高 50～80cm，有短柔毛。3 出复叶，中央小叶具长柄，宽卵形或近圆形，顶端尖，边缘有不整齐的锯齿；侧生小叶近无柄。花序腋生或顶生，排列成 2～3 轮；花两性，雄花和两性花异株；花萼管状，蓝色。花期 7～8 月。
【地理分布】我国东北、华北、西北、华东、中南等地区有分布。
【主要习性】喜阳也稍耐阴；耐寒，耐热；对土壤要求不严，宜排水良好、疏松肥沃的土壤。
【繁殖方式】分株繁殖。
【观赏特征】叶片粗大肥厚，质朴而美丽，淡蓝色的小花秀美耐看，格调雅致。
【园林应用】适宜作花境材料及林下阴处地被，或林缘、路旁丛植；还可以盆栽观赏。

大花金鸡菊
Coreopsis grandiflora Hogg.

菊科、金鸡菊属

【形态特征】多年生草本。株高 30～60cm，全株稍被毛。茎多分枝。叶对生，基生叶及下部茎生叶全缘，披针形；上部叶或全部茎生叶 3～5 裂，裂片披针形，顶裂片尤长。头状花序具长梗；舌状花与管状花均为黄色。花期 6～9 月。

【地理分布】原产北美。今广泛栽培。

【主要习性】喜阳光充足，稍耐阴；耐寒性强；对土壤要求不严，能耐干旱瘠薄。

【繁殖方式】播种或分株繁殖，常自播繁衍。

【观赏特征】枝型疏散，叶色翠绿，花大而艳丽，花开时一片金黄，在绿叶的衬托下，犹如金鸡独立，绚丽夺目。

【园林应用】常用于布置花境，或在林缘、路边、草坪、坡地成片种植，颇具野趣；也可作切花；还可用作地被。

大金鸡菊
Coreopsis lanceolata L.

菊科、金鸡菊属

【形态特征】多年生草本。株高 30～90cm，全株无毛或疏生细毛。基部叶披针形或长圆状匙形，全缘，茎部叶向上渐小。花单生，头状花序，具长梗，花金黄色。瘦果扁球形，有薄鳞状翅。花期 6～10 月。

【地理分布】原产北美。各国有栽培或为野生。

【主要习性】性强健。喜阳光充足，稍耐阴；喜温暖，耐寒；对土壤要求不严。

【繁殖方式】播种或分株繁殖，自播繁衍能力强。

【观赏特征】花色明亮、鲜艳，花叶疏散，轻盈雅致。

【园林应用】常用于布置花境、花坛；自然丛植或群植于坡地、路旁，颇具田园风光；亦可供切花用；由于自播繁衍能力强，也适于作地被材料。

宿根花卉

轮叶金鸡菊
Coreopsis verticillata L.　　　　　　　　　　菊科、金鸡菊属

【形态特征】多年生草本。株高 60～90cm，植株光滑，多分枝。叶片线形，细长或呈 3 回羽状深裂，裂片较多，全缘。头状花序多数，聚成伞房花序；舌状花常单轮排列；管状花黄色至黄绿色。花期 5～6 月。
【地理分布】原产美洲和北非。
【主要习性】喜光，但耐半阴，耐寒；适应性强，对土壤要求不严；耐旱。
【繁殖方式】播种或分株繁殖。
【观赏特征】枝叶密集，尤其是冬季幼叶萌生，鲜绿成片，花大色艳，常开不绝，花开时一片金黄，绚烂可观。
【园林应用】夏季极好的组合盆栽花卉；可作优良的疏林地被；还可作花境材料。

多变小冠花
Coronilla varia L.　　　　　　　　　　豆科、小冠花属

【形态特征】多年生草本。株高 30～50cm。茎蔓生，匍匐向上伸，分枝力强，节上腋芽萌发形成很多侧枝，地下根交错盘生，地上茎则纵横交织，植株淡绿色。伞形花序，生于节间叶腋；下部花白色，上部略带粉红色或紫色。花期 6～9 月，延续持久。
【地理分布】原产欧洲。我国陕西有栽培。
【主要习性】生活力强，适应性广。抗寒；适宜中性偏碱的土壤，耐瘠薄；耐旱。
【繁殖方式】播种、扦插、分根繁殖均可。
【观赏特征】枝繁叶茂，小花呈杯状紧密排列于花梗顶端，形似冠，因花色初开时为粉红色，后变为紫蓝色，故名多变小冠花。
【园林应用】多变小冠花匍匐性强，枝叶茂密，抗逆性强，是优良的水土保持和覆盖植物，多用于丘陵坡地、道路两旁护坡种植。

大花飞燕草（翠雀花）
Delphinium grandiflorum L.

毛茛科、翠雀属

【形态特征】多年生草本。株高 60～90cm，全株被柔毛。茎直立，多分枝。叶互生，掌状深裂，裂片线形。总状花序长；花朵大，花径 2.5～4cm；距直伸或稍弯；花色多为蓝色、淡蓝色或莲青色，多数有眼斑。花期 6～9 月。

【地理分布】原产中国及西伯利亚。我国河北、内蒙古及东北等地均有野生。

【主要习性】喜光照充足，能耐半阴；喜冷凉气候，忌夏季炎热；宜种植于排水良好、稍含腐殖质的黏质土；喜干燥，耐旱。

【繁殖方式】播种、分株及扦插繁殖均可。

【观赏特征】花形别致，开花时似蓝色飞燕落满枝头，色彩雅致。有重瓣及各色品种，色彩浓淡变化丰富，观赏效果极佳。

【园林应用】是优良的花境材料；也可丛植于林缘、庭院角落或山石旁，体现自然野趣；还可钵植、盆栽及用作切花。

甘野菊
Dendranthema lavendulifolium var. *seticuspe* (Maxim.) Shih

菊科、菊属

【形态特征】多年生草本。株高 30～150cm。茎直立，中部以上多分枝，有稀疏柔毛。叶大而质薄，两面无毛；基生叶和茎下部叶花时枯萎，茎中部叶阔卵形，2 回羽状分裂；上部叶羽裂、3 裂或不裂。头状花序，在茎顶排成复伞花序；花黄色。花期 9～10 月。

【地理分布】原产中国。我国大部分地区有分布。

【主要习性】喜阳光充足；耐寒，耐热；宜疏松肥沃、排水良好的土壤；耐旱。

【繁殖方式】扦插或分株繁殖。

【观赏特征】株形舒展，花多繁茂，色彩鲜艳，观赏性强。

【园林应用】适宜作花境材料，也可片植于道路两侧、疏林下或林缘作观花地被植物。

宿根花卉

菊花（黄花、鞠、秋菊、九华、）
Dendranthema morifolium (Ramat.) Tzvel.

菊科、菊属

【形态特征】多年生宿根草本。株高60～150cm。茎直立，基部半木质化。叶互生，有柄，羽状浅裂或深裂，叶缘有锯齿，背面有毛。头状花序单生或数朵聚生枝顶，由舌状花和筒状花组成；花序边缘为雌性舌状花，花色有白、黄、紫、粉、紫红、雪青、棕色、浅绿、复色、间色等，极为丰富；中心花为管状花，两性，多为黄绿色。花期也因品种而异，早菊花期9～10月，秋菊花期11月，寒菊花期12月，园艺栽培可全年开花。

【地理分布】原产于中国。目前世界各地广为栽培。

【主要习性】喜阳光充足；喜凉爽，较耐寒；宜湿润肥沃、排水良好的土壤；不耐积水。

【繁殖方式】扦插、分株、嫁接或播种繁殖。

【观赏特征】菊花为我国十大名花之一。品种繁多，色彩丰富，花形多变，姿态万千。由于其在深秋时节开放，傲霜挺立，凌寒不凋，被人们誉为"花中君子"，象征着坚贞不屈的精神和恬然自处、傲然不屈的隐士品格。

【园林应用】优良的花坛、花境、盆花和地被用花，也是世界四大著名切花之一；还可食用和药用。

常夏石竹（羽裂石竹）

Dianthus plumarius L.

石竹科、石竹属

【形态特征】多年生草本。株高20～30cm，植株光滑被白霜。茎簇生，枝叶细而紧密。叶缘具细齿，中脉在叶背隆起。花2～3朵顶生，花瓣深裂至中部；花白、粉红及玫红色；具芳香。花期5～7月。

【地理分布】原产奥地利及西伯利亚地区。

【主要习性】喜光照，较耐阴；喜凉爽及通风良好，忌高温炎热；喜沙质壤土；不耐涝。

【繁殖方式】播种、扦插和分株繁殖均可。

【观赏特征】植株低矮匍匐，开花繁密，颜色鲜亮明快，是夏秋园林中良好的地被植物。

【园林应用】适于在岩石园及林缘等地大面积栽植或丛植点缀草坪，不仅调节了单调的色彩，还突出了野趣；也可用于花境和地被；还可作为切花花材。

荷包牡丹（兔儿牡丹）

Dicentra spectabilis (L.) Lem.

罂粟科、荷包牡丹属

【形态特征】多年生草本。株高30～60cm。茎带紫红色，丛生。叶对生，2回3出羽状复叶，形似牡丹叶；叶被白粉，有长柄。总状花序顶生，下垂呈拱状；花瓣4枚，外侧2枚基部膨大呈囊状，形似荷包，粉红色；内部2枚较长，突出于外层，粉红色或白色。花期4～5月。

【地理分布】原产我国北部，河北、东北均有野生。日本、俄罗斯西伯利亚也有分布。

【主要习性】喜半阴，生长期忌阳光直射；耐寒性强，不耐高温；喜温润肥沃、排水良好的沙壤土，在沙土及黏土中生长不良；喜湿润，不耐干旱。

【繁殖方式】以分株或根茎扦插繁殖为主，也可播种繁殖。

【观赏特征】花似荷包，叶似牡丹，故名荷包牡丹。其叶丛美丽，花朵玲珑奇特，色彩绚丽，具有很强的观赏性。

【园林应用】适宜于布置花境或在树丛、草地边缘湿润处丛植；还可以点缀岩石园景，观赏效果极好；也是盆栽和切花的好材料。

宿根花卉

马蹄金（黄胆草、九连环、金钱草）
Dichondra repens Forst.

旋花科、马蹄金属

【形态特征】多年生匍匐状草本。茎细长，匍匐地面，被灰色短柔毛，节上生不定根。植株低矮，仅高5～15cm。叶互生，圆形或肾形，基部心形，具细长叶柄，叶面无毛，大小不等，一般直径1～3cm。花小，单生于叶腋，黄色。蒴果。花期4月。

【地理分布】广布于热带亚热带地区。我国长江以南各地及台湾省均有分布。

【主要习性】耐阴或半阴，喜温暖，能耐一定的低温，耐炎热和高温；适宜生长于细致、偏酸、潮湿而肥力低的土壤，不耐碱；耐旱力强；耐轻微践踏。

【繁殖方式】播种繁殖，也可用其匍匐茎繁殖。

【观赏特征】四季常青，抗性强，覆盖性强，堪称"绿色地毯"。其灰绿色叶片的栽培品种尤其广受欢迎。

【园林应用】优良的地被植物，尤其适用于公路两旁、喷泉周围、墙角和石阶地段以及其他难以修剪的一些特殊地带；还可用于小面积花坛、花径及山石园、庭院绿地及小型活动场地。也是立体绿化及盆栽悬垂观赏的优良材料。

蛇莓
Duchesnea indica (Andr.) Focke

蔷薇科、蛇莓属

【形态特征】多年生草本。茎匍匐，被柔毛。3出复叶，有长柄，小叶倒卵形或菱状卵形，边缘具钝锯齿。花单生叶腋，花瓣5，黄色。瘦果。花期6～8月。

【地理分布】分布于辽宁以南各地，日本、阿富汗及欧洲、美洲也有。

【主要习性】喜偏阴的生活环境；喜温暖；对土壤适应性强，耐瘠薄；耐旱。

【繁殖方式】播种或分株繁殖。

【观赏特征】可同时观赏花、果、叶，碧绿叶片、金灿灿的花色及鲜红晶莹的果实均极美观。

【园林应用】宜栽植在林下或斜坡作地被植物；全株可作药用。

紫松果菊（松果菊）

Echinacea purpurea (L.) Moench.

菊科、松果菊属

【形态特征】多年生草本。株高 60～120cm，全株具粗毛。茎直立。单叶互生，边缘具疏浅锯齿；基生叶基部下延；茎生叶基部稍抱茎。头状花序单生枝顶，或数多聚生；花径达 10cm；舌状花一轮，淡粉色或紫红色；管状花具光泽，紫褐色或橙黄色。花期 6～10 月。

【地理分布】原产北美。世界各地多有栽培。

【主要习性】性强健。喜光照充足，稍耐阴，喜温暖，耐寒性强；不择土壤，但在肥沃深厚、富含有机质的土壤中长势佳；耐旱力强。

【繁殖方式】播种或分株繁殖。

【观赏特征】管状花突起呈球形，很像松果，又为紫色，因而得名。植株健壮而高大，风格粗放，花型独特。

【园林应用】宜作花境或大面积种植在疏林下及林缘；矮型品种用于花坛；水养持久，也是优良的切花材料。

蓝刺头（禹州漏芦）

Echinops latifolius Tausch.

菊科、蓝刺头属

【形态特征】多年生草本。株高 30～80cm。根粗壮，褐色。茎直立，具纵沟棱，被白色绵毛。叶互生，2 回羽状分裂或深裂，裂片具刺尖头，上面绿色，下面密被白色绵毛。复头状花序，球形，外总苞片刚毛状；花冠筒状，裂片 5，线性，淡蓝色。花期 7～8 月。

【地理分布】我国东北、华北、甘肃、陕西、河南、山东等地有分布。

【主要习性】喜阳光充足；极耐寒；对土壤要求不严，但在在贫瘠的土壤上生长最好。

【繁殖方式】分株或播种繁殖。

【观赏特征】复头状花序圆球形，蓝紫色，十分小巧可爱，当全部花开放后，一个艳丽的蓝紫色花球倔强地从灰绿色的株丛中伸出，奇特美丽，非常惹眼。

【园林应用】适用于花境、花坛，亦可作干花或切花；根和花序可入药。

■■ 宿根花卉

宿根天人菊（大天人菊）
Gaillardia aristata Pursh

菊科、天人菊属

【形态特征】多年生草本。株高 60～90cm。全株密被粗硬毛。叶互生，基部叶多匙形，上部叶披针形至长圆形，全缘至波状羽裂。头状花序单生，总苞的鳞片线状披针形；舌状花上部黄色，基部紫色，先端 3 浅裂或 3 齿；管状花紫褐色。花期 6～10 月。

【地理分布】原产北美西部。

【主要习性】喜阳光充足，不耐阴；耐寒、耐热；喜排水良好的壤土或沙质壤土；耐旱，忌积水。

【繁殖方式】播种、扦插、分株繁殖均可。

【观赏特征】植株高大，花姿娇娆，色彩艳丽，花期长，单花或群体效果均较好。

【园林应用】适用于花境；因其适应强，适粗放管理，也可成丛、成片地植于林缘和草坪中；也是优良的切花材料。

山桃草
Gaura lindheimeri Engelm. et Gray

柳叶菜科、山桃草属

【形态特征】多年生草本。株高可达 1m。全株具粗毛。叶无柄，披针形或匙形，先端尖，缘具波状齿，外卷，两面皆疏生柔毛。穗状花序或圆锥花序顶生，细长而疏散，花两侧对称，花瓣水平排向一侧，花白色。花期 5～9 月，常傍晚开放，开放后一天内凋谢。

【地理分布】原产北美。

【主要习性】喜排水良好，耐干旱。管理简便，对水肥条件要求不严格，花后及时剪除败花可以延长开花时间。

【繁殖方式】分株、扦插或播种繁殖。

【观赏特征】花朵形似山桃花，因而得名。株形飘逸，姿态优美，观赏性强。

【园林应用】常作自然式布置，可在路旁或林缘丛植或群植。

勋章菊

Gazania rigens (L.) Gaertn.　　　　　　　　　　菊科、勋章菊属

【形态特征】多年生草本。株高20～40cm。具地下茎。叶大部分簇生基部，长匙形或倒披针形，全缘或下部羽裂，表面绿色，背面具银白色长毛；茎生叶少，全缘或羽裂。头状花序单生，具长总梗，舌状花单轮或1～3轮，橙黄色或橘黄色，基部有棕黑色斑，筒状花黄色或黄褐色。花期5～10月。

【地理分布】原产欧洲。

【主要习性】喜阳光充足，阴天或夜晚花闭合；喜冬季温暖、夏季凉爽的气候；宜疏松肥沃、排水良好的土壤。

【繁殖方式】春秋播种或分株繁殖。

【观赏特征】花形奇特，花色丰富，其花心有深色眼斑，形似勋章，植株高低错落，既华丽又具有浓厚的野趣。

【园林应用】宜布置花坛或花境；也可作向阳侧的室内装饰；还可用作切花。

连钱草

Glechoma longituba (Nakai) Kupr.　　　　　　唇形科、活血丹属

【形态特征】多年生匍匐状草本。匍匐茎上升，逐节生根。茎细，有毛。叶对生，叶柄长，叶片肾形至圆心形，两面有毛或近无毛，背面有腺点。苞片近等长或长于花柄，刺芒状，面有毛和腺点，花冠淡蓝色至紫色。坚果。花期4～5月。

【地理分布】除青海、甘肃、新疆及西藏外，全国各地均产。朝鲜也有分布。

【主要习性】耐阴，阳处亦可生长；喜凉爽、湿润气候，耐寒；不择土壤；忌涝。

【繁殖方式】春季扦插或分株繁殖。

【观赏特征】植株匍匐生长，如绿色地毯覆盖地面，蓝紫色的小花淡雅可爱。

【园林应用】是常见的耐阴地被，植于林缘、疏林下；还适于悬吊观赏；全草可入药。

宿根花卉

堆心菊
Helenium autumnale L.

菊科、堆心菊属

【形态特征】多年生草本。株高 30～90cm。茎光滑而分枝。叶互生，披针形至卵状披针形，全缘。头状花序生于茎顶，总苞 2 轮，外层明显反曲；舌状花柠檬黄色，花瓣阔，先端有缺刻；管状花黄绿色。花期 7～10 月。

【地理分布】堆心菊原产北美。分布于美国及加拿大。

【主要习性】喜阳光充足；喜温暖，耐寒，适生温度 15～28℃；宜深厚、富含腐殖质的土壤；耐旱。

【繁殖方式】播种或分株繁殖。

【观赏特征】叶色翠绿，花色金黄，金花绿叶显得生机勃勃。

【园林应用】多作为花坛镶边或布置花境，也可用作地被。

菊芋（洋姜）
Helianthus tuberosus L.

菊科、向日葵属

【形态特征】多年生草本。株高 1～3m。具块茎及纤维状根。茎直立，被短硬毛或刚毛，上部有分枝。下部叶对生，上部叶互生，叶卵形或卵状椭圆形，边缘有粗锯齿，离基 3 出脉。头状花序单生于枝顶；总苞片多层，披针形；花黄色。花期 8～10 月。

【地理分布】原产北美。我国各地普遍栽培。

【主要习性】喜阳光充足；喜温暖，耐寒性强；喜富含腐殖质的黏质土壤。

【繁殖方式】分株或播种繁殖。

【观赏特征】植株高大挺拔，花金黄色，花大色艳，具有很高的观赏价值。

【园林应用】适宜作花境，或丛植于篱旁、林缘观赏；还可以作切花材料。

粗糙赛菊芋

Heliopsis helianthoides (L.) Sweet var. *scabra* (Dunal) Fernald　　菊科、赛菊芋属

【形态特征】多年生草本。株高80cm。枝叶粗糙，叶对生，具柄，长卵圆形或卵状披针形，边缘有锯齿。头状花序单生枝顶或成伞房状，重瓣，花径5～7cm；舌状花阔线形，鲜黄色；管状花橘黄色。花期5～10月。

【地理分布】原产北美安大略州至佛罗里达州、密苏里州和田纳西州。

【主要习性】性健壮，易栽培。喜光、耐半阴，喜向阳高燥环境；耐寒；耐贫瘠，不择土壤；耐旱。

【繁殖方式】分株或播种繁殖。

【观赏特征】植株高大，花繁叶密，花朵硕大，花色亮丽，花期长。

【园林应用】花坛或花境的良好材料；适宜于野趣园丛植或栽植于路旁、篱旁、林缘草地、岩石园中；亦可作切花，瓶插时间长。

萱草（忘忧草、忘郁）

Hemerocallis fulva L.　　百合科、萱草属

【形态特征】多年生草本。株高60cm。根状茎粗短呈纺锤形。叶基生，排成两列状，长带形。圆锥花序顶生，着花6～12朵，花葶高于叶丛；花冠阔漏斗形，边缘稍为波状，盛开时裂片反卷，花色多为橘红与橘黄，也有白绿、粉红、淡紫等色。花期6～8月，单朵花昼开夜谢，仅开1天。

【地理分布】原产中国及日本。我国长江流域以北各地均有分布。

【主要习性】喜光，亦耐半阴；耐寒；对土壤的要求不严，但以土层深厚、肥沃、排水良好的沙质壤土为好；耐旱。

【繁殖方式】以分株繁殖为主，也可播种或扦插繁殖。

【观赏特征】叶丛美丽，花大色艳，花期长久，是优良的夏季园林花卉。传说吃了萱草的花后使人昏然如醉，忘记忧愁，故名"忘忧草"。此外，萱草还是中国的"母亲之花"。

【园林应用】适于林缘向阳处或疏林下作地被或作花境材料；亦可用于切花。

 宿根花卉

芙蓉葵（草芙蓉、紫芙蓉、秋葵）
Hibiscus moscheutos L.

锦葵科、木槿属

【形态特征】多年生高大草本。株高 100 ~ 200cm。茎粗壮，斜出，基部木质化，光滑被白粉。单叶互生，卵状椭圆形，常 3 裂，缘具疏浅齿，叶背和叶柄密生灰色毛。花大，单生于上部叶腋间；花色有粉、紫和白色，花萼在果时宿存。花期 6 ~ 8 月。

【地理分布】原产北美。

【主要习性】性强健。喜阳光充足，略耐阴；宜温暖湿润气候；对土壤要求不严；忌干旱。

【繁殖方式】播种、扦插、分株繁殖均可。

【观赏特征】植株高大，花大色艳，色彩丰富，各类园林绿地中都广泛应用。

【园林应用】常作花境，或丛植于墙垣、建筑角隅，也可用于花篱。

玉簪（玉春棒，白鹤花）
Hosta plantaginea (Lam.) Aschers.

百合科、玉簪属

【形态特征】多年生草本。株高 30～75cm。叶基生成丛，叶大有长柄，叶片卵形至心状卵形，基部心形，弧形脉。顶生总状顶生，花葶从叶丛中抽出，着花 9～15 朵；花管状漏斗形，白色，具芳香。花期 6～7 月，傍晚开放。

【地理分布】原产中国。现各国均有栽培。

【主要习性】性强健。耐阴，忌直射光；耐寒，在我国大部分地区均能在露地越冬；对土壤要求不严，喜排水良好的沙质土壤。

【繁殖方式】以分株繁殖为主，也可播种繁殖。

【观赏特征】花白色，开花前花蕾膨大如棒状，状若我国古代妇女头上的玉制簪子，因而得名。夏秋两季，白花盛开，伴有阵阵清香，与碧绿青翠的叶片相映衬，显得清雅、朴素、端庄，是中国传统园林中重要花卉之一。有重瓣品种及各种瓣叶品种。

【园林应用】因其耐阴，适合种植于林下作地被；可植于建筑物的北面，软化墙角的硬质感，正是"玉簪香好在，墙角几枝开"；也可三两成丛点缀于花境中。因花夜间开放，芳香浓郁，是夜花园中不可缺少的花卉；还可以盆栽布置室内及廊下；另可切叶切花用于花艺装饰。

■■ 宿根花卉

紫萼（紫花玉簪）
Hosta ventricosa (Salisb.) Stearn

百合科、玉簪属

【形态特征】多年生草本，外形似玉簪。株高40cm。叶柄边缘常由叶片下延而呈狭翅状，叶片质薄，叶柄沟槽浅。总状花序顶生、花小、着花10朵以上，花淡紫色。花期6～8月。
【地理分布】原产中国。
【主要习性】耐阴，忌直射光；耐寒；对土壤要求不严。
【繁殖方式】分株或播种繁殖。
【观赏特征】植株清秀挺拔，开花时幽香四溢，花色淡雅，花形别致，是极佳的观叶赏花植物。
【园林应用】适宜栽种在建筑物北侧、林荫处、花境、岩石园中；盆栽可点缀装饰餐厅、大堂、会议室等；也可作为切叶用。

旋覆花（六月菊）
Inula japonica Thunb.

菊科、旋覆花属

【形态特征】多年生草本。株高30～70cm，被长柔毛。基生叶和下部茎生叶花时常枯萎，椭圆形或长圆形，叶基部渐狭或有半抱茎的小耳。头状花序较小，1～5个生于茎顶成伞房状，舌状花黄色，舌片线性，管状花黄色。花期6～8月。
【地理分布】原产日本。广泛分布于我国东北、华北、西北，南方也有。
【主要习性】喜阳光充足；耐寒；宜湿润、肥沃的土壤。
【繁殖方式】播种或分株繁殖。
【观赏特征】夏秋开花，花色金黄，形如铜钱，娇美可爱。
【园林应用】可作花境材料，或成片种植为地被，效果极佳。

花菖蒲（玉蝉花）
Iris ensata Thunb.

鸢尾科、鸢尾属

【形态特征】多年生草本。株高 50～70cm。根茎粗壮。叶阔线形，中脉明显。花葶稍高于叶丛，着花 2 朵；花极大，花色丰富，有黄、白、紫、红、蓝紫等色。花期 6～7 月。

【地理分布】原产我国东北，朝鲜及日本也有。

【主要习性】喜阳光充足；耐寒力强；喜水湿肥沃的酸性土壤。

【繁殖方式】以分株法繁殖为主，也可播种繁殖。

【观赏特征】叶丛美丽，花型奇特，花色淡雅，观赏性强。

【园林应用】常作花坛、专类园、水边、沼泽园等配置；也可作切花材料。

德国鸢尾
Iris germanica L.

鸢尾科、鸢尾属

【形态特征】多年生草本。株高 60～90cm。叶剑形，稍革质，绿色略被白粉。花葶高出叶丛，具 2～3 分枝，花大，紫色或淡紫色；垂瓣倒卵形，中央有斑纹；旗瓣较垂瓣色浅，拱形直立。花期 5～6 月。

【地理分布】原产欧洲中部。目前世界各地广为栽培。

【主要习性】喜阳光充足；耐寒性强；喜排水好、适度湿润的石灰质土壤；耐旱。

【繁殖方式】通常用分株法繁殖，也可播种繁殖。

【观赏特征】叶形美观，花朵硕大，花色丰富、艳丽，非常耀眼。

【园林应用】可用于花坛、花境或丛植；作专类园布置；也是重要的切花材料。

宿根花卉

蝴蝶花（日本鸢尾）
Iris japonica Thunb.　　　　　　　　　　鸢尾科、鸢尾属

【形态特征】多年生常绿草本。株高 20～40cm。根茎细弱，入土浅。叶叠生呈 2 列，深绿色，有光泽。花葶高于叶丛，具 2～3 分枝；花较小；垂瓣边缘具波状锯齿，中部有橙色斑点，旗瓣稍小，上缘有锯齿；花淡紫色。花期 4～5 月。

【地理分布】原产我国中部及日本。江苏、浙江多作常绿性地被植物。

【主要习性】喜半阴；稍耐寒，长江流域可露地越冬；喜湿润、肥沃的微酸性土壤。

【繁殖方式】通常用分株法繁殖，也可播种繁殖。

【观赏特征】叶丛美丽，花色淡紫，形似蝴蝶，姿色极优雅，颇受人们喜爱。

【园林应用】适用于林下作常绿地被植物，或用作花境材料；也可作切花。

马蔺（马莲）
Iris lactea Pall. var. *chinensis* (Fisch.) Koidz.　　鸢尾科、鸢尾属

【形态特征】多年生草本。株高 30～60cm。根茎粗短，须根细而坚韧。叶丛生，狭线形，革质坚硬，灰绿色，基部紫色。花茎与叶丛近等高，每茎着花 2～3 朵，花蓝紫色。花期 4～6 月。

【地理分布】原产中国，朝鲜及中亚、西亚。

【主要习性】喜阳光充足，耐半阴；耐寒性强；不择土壤；喜生于湿润土壤至浅水中，也极耐干旱；耐践踏。

【繁殖方式】通常用分株法繁殖，也可播种繁殖。

【观赏特征】叶丛美丽，花姿优雅，盛开的花朵随风摇曳，婀娜多姿，具有很高的观赏性。

【园林应用】适于丛植或花境；根系发达，可用于水土保持植物材料；叶具韧性纤维，民间多用于捆扎物品，也可切叶。

燕子花
Iris laevigata Fisch.

鸢尾科、鸢尾属

【形态特征】多年生草本。株高50～80cm。根茎粗短，多分枝。叶大都根生，对折，2列，质厚较柔软，鲜绿色，先端锐尖，基部抱茎，全缘，中肋明显。花茎自叶丛中抽出，花浓紫色，基部稍带黄色；旗瓣披针形、直立，花色有红、白、翠绿等变种。花期4～5月。
【地理分布】原产中国东北，日本及朝鲜。
【主要习性】喜阳光充足；耐寒，不耐干旱；喜在土质肥沃的沼泽地区生长。
【繁殖方式】分株或播种繁殖。
【观赏特征】植株秀丽，花色淡雅，花开时犹如一只只飞燕飞舞于绿叶丛中，异常优美。
【园林应用】常用于园林水景园及鸢尾专类园布置。

黄菖蒲（黄花鸢尾）
Iris pseudacorus L.

鸢尾科、鸢尾属

【形态特征】多年生草本。植株高大而健壮，株高60～100cm。根茎短粗。叶长剑形，端尖、中肋明显，并且具横向网脉。花葶与叶丛近等高；垂瓣基部具褐色斑；旗瓣明显小于垂瓣，稍直立；花黄色。花期5～6月。
【地理分布】原产南欧、西亚及北非等地。
【主要习性】适应性极强。极耐寒；不择土壤，喜微酸性土壤；旱地、湿地均可生长良好，但以水边生长最好。
【繁殖方式】通常用分株法繁殖，也可播种繁殖。
【观赏特征】叶丛美丽，花色淡雅，花叶都具有很高的观赏价值。
【园林应用】适应各种生境，尤适于水边生长，是水景园植物配置的极好选材。

宿根花卉

鸢尾（蓝蝴蝶）
Iris tectorum Maxim.

鸢尾科、鸢尾属

【形态特征】多年生草本。植株较矮，高约 30～40cm。叶剑形，淡绿色，纸质。花葶高于叶丛，单一或具 1～2 分枝，每枝着花 1～3 朵，径 8cm；花蓝紫色；垂瓣具蓝紫色条纹，瓣基具褐色纹，中央面有一白色带紫纹鸡冠状突起；旗瓣小，拱形直立，色浅。花期 4～5 月。

【地理分布】原产中国。在云南、四川、江苏、浙江均有分布，多生于海拔 800～1800m 的灌丛中。

【主要习性】性强健。喜阳，也耐半阴；耐寒；喜湿润、排水良好的微酸性土壤；耐干燥；喜肥，生长期应适当施肥。

【繁殖方式】以分株法繁殖为主，也可播种繁殖。

【观赏特征】因花瓣形如鸢鸟尾巴而得名。叶丛美丽，花型奇特，花色淡雅。花开时节，蓝紫色花似翩翩起舞的蝴蝶飞舞于绿叶之间，颇具美态。

【园林应用】因其适应性强，不择土壤，可粗放管理，适合大面积丛植林缘、路边，也可以装点岩石园；又因其喜湿润的土壤，可以栽植在水边，作水岸绿化；还可以与同属其他种类搭配种植，作鸢尾专类园，展示各种鸢尾的万千美态。

火炬花（火把莲）
Kniphofia uvaria Hook.

百合科、火炬花属

【形态特征】多年生草本。株高 50～60cm。叶自基部丛生，广线形。花茎高达 100cm，密穗状总状花序，密生小花；基部先开放，状圆筒形，红至深红色，开放后变黄色。花期 6～10 月。

【地理分布】原产南非。

【主要习性】性强健。喜光照；耐寒能力强；不择土壤，但喜肥沃、排水良好的轻黏质土壤。

【繁殖方式】分株繁殖为主，也可播种繁殖。

【观赏特征】火炬花叶片细长，花序密集而丰满，颜色艳丽，宛如熊熊燃烧的火炬，甚是壮观。

【园林应用】花境中良好的竖线条花卉；亦可丛植草坪中或布置在建筑物前，点缀色彩；部分矮型种还可作岩石园布置；高型种可作切花。

柳穿鱼（姬金鱼草）
Linaria vulgaris Mill.

玄参科、柳穿鱼属

【形态特征】多年生宿根草本。株高 20～30cm。上部枝叶具黏质短柔毛。叶对生，长条形，全缘。总状花序顶生；花冠较长，青紫色，下唇喉部向上隆起，中部具小黄斑，花冠筒部也有距，长于花冠其他部分。花期 5～6 月。
【地理分布】原产墨西哥。
【主要习性】喜光；耐寒，喜凉爽，忌酷热；宜排水良好的土壤。
【繁殖方式】播种繁殖。
【观赏特征】株形秀美，枝叶细柔，花型别致，花色丰富艳丽。
【园林应用】宜布置春季花境、花坛，也可用于各种种植钵或布置窗台阳台。

宿根亚麻（蓝亚麻）
Linum perenne L.

亚麻科、亚麻属

【形态特征】多年生宿根花卉。株高 30～60cm，基部多分枝。茎丛生，直立而细长。叶互生，披针形，灰绿色。聚伞花序顶生或生于上部叶腋，花梗纤细，花漏斗状，花径约 2.5cm，花瓣 5，浅蓝色。花期 5～6 月。
【地理分布】原产欧洲。中国东北和华北地区也有野生。
【主要习性】喜阳光充足；温凉湿润，排水良好之地；在湿润、肥沃的土壤上常能自播繁衍。
【繁殖方式】播种或扦插繁殖。
【观赏特征】植株纤细柔软，花朵娇小玲珑，花色淡雅，花叶飘动，婀娜多姿。
【园林应用】适用于花坛、花境、岩石园，也可在草坪上片植或点缀小庭院。

宿根花卉

荚果蕨
Matteuccia struthiopteris (L.) Todaro

球子蕨科、荚果蕨属

【形态特征】多年生草本。根状茎短而直立，被棕色膜质披针形鳞片。叶二型，丛生成莲座状；营养叶披针形、倒披针形或长椭圆形，2回羽状深裂，互生；孢子叶的叶片为狭倒披针形，一回羽状，羽片两侧向背面反卷成荚果状，深褐色。

【地理分布】原产中国。分布于东北、华北、西北等地。

【主要习性】耐阴，忌阳光直射；耐寒；喜土层深厚、肥沃湿润、排水良好的沙质土壤。

【繁殖方式】分株或孢子繁殖。

【观赏特征】株丛圆润，叶形秀丽，婀娜多姿，早春幼叶拳卷，清新可爱，秋季孢子叶反卷成荚果状，造型别致。

【园林应用】常用于林下片植作地被；也可盆栽观赏。孢子叶可用于做干切花。

美国薄荷（马薄荷、大红香蜂草）
Monarda didyma L.

唇形科、美国薄荷属

【形态特征】多年生草本。株高50～90cm。茎直立，锐四棱形。叶对生，卵状或卵状披针形，边缘具不等大的锯齿，纸质，上面绿色，下面较淡。轮伞花序多花，在茎顶密集成头状花序；苞片鲜艳明显，叶状，红色，短于花序；花冠近无毛，长4～5cm，紫红色。花期6～10月。

【地理分布】原产美洲。我国各地园林有栽培。

【主要习性】喜阳光充足，也耐半阴；耐寒、耐热；对土壤要求不严，但在肥沃、湿润的沙壤土中生长更好；耐湿。

【繁殖方式】播种繁殖。

【观赏特征】植株高大整齐，叶芳香，花朵繁密，色泽鲜艳。

【园林应用】适宜于布置花坛、花境；也可作切花用。

柳穿鱼（姬金鱼草）
Linaria vulgaris Mill.

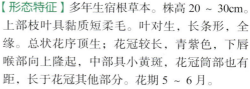
玄参科、柳穿鱼属

【形态特征】多年生宿根草本。株高 20～30cm。上部枝叶具黏质短柔毛。叶对生，长条形，全缘。总状花序顶生；花冠较长，青紫色，下唇喉部向上隆起，中部具小黄斑，花冠筒部也有距，长于花冠其他部分。花期 5～6 月。

【地理分布】原产墨西哥。

【主要习性】喜光；耐寒，喜凉爽，忌酷热；宜排水良好的土壤。

【繁殖方式】播种繁殖。

【观赏特征】株形秀美，枝叶细柔，花型别致，花色丰富艳丽。

【园林应用】宜布置春季花境、花坛，也可用于各种种植钵或布置窗台阳台。

宿根亚麻（蓝亚麻）

Linum perenne L.

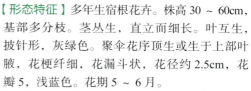
亚麻科、亚麻属

【形态特征】多年生宿根花卉。株高 30～60cm，基部多分枝。茎丛生，直立而细长。叶互生，披针形，灰绿色。聚伞花序顶生或生于上部叶腋，花梗纤细，花漏斗状，花径约 2.5cm，花瓣 5，浅蓝色。花期 5～6 月。

【地理分布】原产欧洲。中国东北和华北地区也有野生。

【主要习性】喜阳光充足；温凉湿润，排水良好之地；在湿润、肥沃的土壤上常能自播繁衍。

【繁殖方式】播种或扦插繁殖。

【观赏特征】植株纤细柔软，花朵娇小玲珑，花色淡雅，花叶飘动，婀娜多姿。

【园林应用】适用于花坛、花境、岩石园，也可在草坪上片植或点缀小庭院。

宿根花卉

土麦冬
Liriope spicata (Thunb.) Lour.

百合科、麦冬属

【形态特征】多年生常绿草本。根状茎短粗，下面生许多须根，常在须根中部膨大呈纺锤形的肉质块根。叶丛生，线形；稍革质，基部渐狭并具褐色膜质鞘，长 15~30cm，宽 4~8mm。花葶自叶丛中抽出，其上着生总状花序，小花梗短而直立，淡紫色或近白色。浆果圆形，蓝黑色。花期 8~9 月。

【地理分布】原产我国及日本。我国许多地区均有分布。

【主要习性】喜阴湿，忌阳光直射；性较耐寒；对土壤要求不严，但以湿润肥沃的沙质壤土最为适宜。

【繁殖方式】以分株繁殖为主，亦可春播繁殖。

【观赏特征】植株低矮，叶丛终年常绿，且生长健壮，是优良的观叶地被。

【园林应用】为良好的地被植物及盆栽观叶植物；也常作为花境、花坛的镶边材料，或布置于山石、小路边及林下；全草入药。

多叶羽扇豆（羽扇豆）
Lupinus polyphyllus Lindl.

豆科、羽扇豆属

【形态特征】多年生草本。株高 90~150cm。茎粗壮直立，光滑或疏被柔毛。叶多基生，掌状复叶，小叶 9~16 枚，披针形，具长总柄，但上部叶柄较短，小叶背面具粗毛。总状花序顶生，长 30~60cm，着花密；花蓝紫色。花期 5~6 月。

【地理分布】原产北美。美国华盛顿马里兰州至加利福尼亚州均有分布。

【主要习性】喜阳光充足，耐半阴；喜凉爽，忌炎热；喜土层深厚及排水良好的酸性土壤。直根性，不耐移植。

【繁殖方式】分株或播种繁殖。

【观赏特征】叶形秀美，花序高大，花朵繁密，色彩艳丽，具有很高的观赏价值。

【园林应用】最宜布置花境，是优美的竖线条花卉；可林缘丛植观赏；也是优良的切花材料。

过路黄

Lysimachia nummularia L.

报春花科、珍珠菜属

【形态特征】多年生常绿草本。株高 5～10cm。茎柔软，匍匐生长，长 20～60cm，下部节间较短，常发不定根。叶对生，全缘，卵圆形或肾圆形。花腋生，花冠裂片在花蕾是旋转状排列，尖端向上翻成杯形；花黄色。花期 6～7 月。

【地理分布】原产欧洲、美国东部等地。

【主要习性】喜光，耐半阴；耐寒，耐热；对土壤要求不严，耐贫瘠土壤；耐旱，忌涝；较耐践踏。

【繁殖方式】扦插繁殖。

【观赏特征】株丛紧密、整齐，覆盖效果好，叶色葱绿或金黄，十分惹人喜爱，是优秀的观叶地被植物。

【园林应用】适宜作观叶地被植物，或用于布置色块；亦可带植于林缘或花坛边缘作镶边材料。

【常见品种】
金叶过路黄（*L. nummularia* 'Aurea'）：单叶对生，圆形，基部心形长约 2cm，早春至秋季金黄色，冬季霜后略带暗红色。

宿根花卉

荚果蕨
Matteuccia struthiopteris (L.) Todaro

球子蕨科、荚果蕨属

【形态特征】多年生草本。根状茎短而直立，被棕色膜质披针形鳞片。叶二型，丛生成莲座状；营养叶披针形、倒披针形或长椭圆形，2回羽状深裂，互生；孢子叶的叶片为狭倒披针形，一回羽状，羽片两侧向背面反卷成荚果状，深褐色。

【地理分布】原产中国。分布于东北、华北、西北等地。

【主要习性】耐阴，忌阳光直射；耐寒；喜土层深厚、肥沃湿润、排水良好的沙质土壤。

【繁殖方式】分株或孢子繁殖。

【观赏特征】株丛圆润，叶形秀丽，婀娜多姿，早春幼叶拳卷，清新可爱，秋季孢子叶反卷成荚果状，造型别致。

【园林应用】常用于林下片植作地被；也可盆栽观赏。孢子叶可用于做干切花。

美国薄荷（马薄荷、大红香蜂草）
Monarda didyma L.

唇形科、美国薄荷属

【形态特征】多年生草本。株高50~90cm。茎直立，锐四棱形。叶对生，卵状或卵状披针形，边缘具不等大的锯齿，纸质，上面绿色，下面较淡。轮伞花序多花，在茎顶密集成头状花序；苞片鲜艳明显，叶状，红色，短于花序；花冠近无毛，长4~5cm，紫红色。花期6~10月。

【地理分布】原产美洲。我国各地园林有栽培。

【主要习性】喜阳光充足，也耐半阴；耐寒、耐热；对土壤要求不严，但在肥沃、湿润的沙壤土中生长更好；耐湿。

【繁殖方式】播种繁殖。

【观赏特征】植株高大整齐，叶芳香，花朵繁密，色泽鲜艳。

【园林应用】适宜于布置花坛、花境；也可作切花用。

荆芥
Nepeta cataria L.

唇形科、荆芥属

【形态特征】多年生草本。株高30~50cm。茎基部木质化,多分枝,被白色短柔毛。叶为卵状至三角状心形,两面被短柔毛。轮伞花序或聚伞花序,前者分离成穗状或头状花序,后者成对着生成总状或圆锥状花序;苞片披针形;花冠蓝色,下唇具紫点,外被白色柔毛,二唇形。花期7~9月。

【地理分布】我国西北、华北、华中、西南等地区有分布,日本也有。

【主要习性】喜阳光充足;抗性强,不择土壤;忌水涝,应及时排除积水。

【繁殖方式】播种或扦插繁殖。

【观赏特征】株丛紧密,质地轻柔,全株具有香气,芳香馥郁,是优良的蜜源植物。

【园林应用】可用于庭院、小区、别墅的美化和香化;也可作盆栽或作花境材料;全草入药。

沿阶草(书带草,细叶麦冬)
Ophiopogon japonicus (L. f.) Ker-Gawl.

百合科、沿阶草属

【形态特征】多年生常绿草本。根状茎短粗,具细长匍匐茎。叶丛生,线形,长10~30cm,宽约2~4mm,主脉不隆起。花葶有棱,低于叶丛,高约12cm,总状花序较短,着花约10朵,常1~3朵聚生;花淡紫色或白色,小花梗弯曲下垂。浆果球形,蓝黑色。花期8~9月。

【地理分布】原产我国及日本。我国除东北外,大部分地区均有野生。

【主要习性】喜半阴、湿润而通风良好的环境;耐寒;要求肥沃、排水好的土壤。在自然界常野生于山沟溪旁及山坡草丛中。

【繁殖方式】以分株繁殖为主,亦可春播繁殖。

【观赏特征】株丛紧密,叶形秀丽,四季常绿。

【园林应用】常于林下或林缘作地被植物;或栽于花坛边缘、路边、山石旁、台阶侧面;尤其在古典园林中,常与山石相配合,拙雅相得益彰。

宿根花卉

红花酢浆草
Oxalis corymbosa DC.

酢浆草科、酢浆草属

【形态特征】常绿或半常绿多年生草本。植株低矮，仅 20～30cm。叶基生，有长柄，3 小叶复叶，小叶倒心脏形，叶面有时有近似叶形的白晕。花数朵成伞房花序，花瓣 5 枚，花玫瑰红色、浅紫红色或粉红色。花期 4～7 月和 9～11 月。
【地理分布】原产南美洲热带地区。我国各地多有栽培。
【主要习性】喜阳光充足的环境，也有一定的耐阴性；对土壤适宜性强，在肥沃土壤中生长旺盛。
【繁殖方式】以分株繁殖为主。
【观赏特征】植株矮小圆润，花叶秀美，孤植或片植都有很高的观赏价值。
【园林应用】适于作花坛、地被植物；也可用来布置花境和岩石园；全草入药。

紫叶酢浆草（红叶酢浆草）
Oxalis triangularis A. St.-Hil.

酢浆草科、酢浆草属

【形态特征】多年生草本。株高 15～20cm。根状茎直立，地下块状根茎粗大呈纺锤形。叶丛生，具长柄，掌状复叶，小叶 3 枚，无柄，倒三角形，上端中央微凹，叶紫红色。伞形花序，有花 5～8 朵，花瓣 5 枚，淡红色或淡紫色。花期 4～11 月。
【地理分布】原产南美巴西。
【主要习性】喜阳又稍耐阴；耐热性强；宜在温暖湿润、富含腐殖质、排水良好的沙质壤土中生长。花、叶对光敏感，晴天开放，夜间及阴天光照不足时闭合。
【繁殖方式】以分株繁殖为主，也可播种或采用组培法繁殖。
【观赏特征】植株整齐，姿态俊美，紫红色叶片美丽娇艳，粉红色花朵烂漫可爱。
【园林应用】常用作盆栽观赏或布置花坛；也可作为林缘植物或大面积片植，使其蔓连成一片，形成美丽的紫色色块。

芍药（将离、婪尾春、没骨花、殿春花）

Paeonia lactiflora Pall.　　　　　　　　　　　　毛茛科、芍药属

【形态特征】多年生草本。茎丛生，株高 60 ~ 150cm。具粗壮肉质纺锤根。2 回 3 出羽状复叶，小叶通常 3 深裂，裂片椭圆形至披针形，花 1 至数朵着生于茎上部顶端，有长花梗，苞片 3 出。花有白、粉、红、紫、深紫、雪青、黄等色，单瓣或重瓣。蓇葖果。花期 4 ~ 5 月。

【地理分布】原产中国北部、日本及西伯利亚。

【主要习性】喜阳光充足，稍耐阴；性极耐寒，我国北方均可露地越冬，夏季喜凉爽而忌湿热；喜肥沃、土层深厚、湿润而排水良好的壤土或沙质壤土；忌涝。

【繁殖方式】分株繁殖为主，也可播种繁殖。

【观赏特征】芍药为我国传统名花之一，因与牡丹形似，历来有"花相"之美誉。婪尾乃宴会上的最后一道美酒，芍药又开放在春末，故芍药又有"婪尾春"或"殿春"之称。其花大色艳，雍容华贵，色香俱美，韵味十足，是中国传统园林中的重要花卉。

【园林应用】常用于我国古典园林，与山石相配，独具特色；也常与牡丹组成牡丹芍药园；还可布置花坛、花境，或用于盆栽观赏；芍药花枝挺拔细长、花大色艳，亦是重要的切花。

东方罂粟

Papaver orientale L.　　　　　　　　　　　　罂粟科、罂粟属

【形态特征】多年生草本。植株莲座状，株高近 100cm。直根系，根粗大。茎、叶疏生白粗毛。叶基生，具长柄，整齐羽裂，裂片长椭圆形，边缘有锯齿。花大，单生于茎顶端，花瓣 4 ~ 6 枚，瓣基具大黑斑；花色有红、粉红及橙色等色。花期 6 ~ 7 月。

【地理分布】原产地中海地区至伊朗。

【主要习性】性强健。喜光；耐寒，喜冷凉，忌酷热，昼夜温差大利于开花；不择土壤，但以栽植于疏松肥沃的沙质壤土中生长更佳。

【繁殖方式】春季分株繁殖，也可播种或根插。

【观赏特征】花形高雅奇特，花色丰富，花香淡雅，美丽的花朵摇曳在叶丛中颇具动感。

【园林应用】适于布置在花境中，展现其优美的独特花姿；在坡地、林缘片植，能体现出浓郁的田园气息；亦可以作切花用。

【宿根花卉】

天竺葵（洋绣球、入腊红）
Pelargonium hortorum Bailey

牻牛儿苗科、天竺葵属

【形态特征】多年生草本。株高 20～50cm，全株具特殊气味。茎粗壮，多汁，基部木质化。叶互生，圆形至肾形，边缘有波状形钝齿，基部心形。伞形花序顶生，小花数十朵；花序柄长；花色有红、淡红、粉红及白色。我国南方地区除炎热夏季，其他季节均开花，北方地区冬季温室栽培，暖季布置于露地，5～6月开花。

【地理分布】原产非洲南部。

【主要习性】喜欢阳光充足，不耐阴；喜凉爽气候，不耐寒，不耐暑热，夏季高温季节即进入休眠状态；宜植于富含有机质，且疏松、排水良好的土壤中；怕水涝，有一定的耐旱力。

【繁殖方式】扦插繁殖为主，也可播种繁殖。

【观赏特征】植株低矮、紧凑，叶片翠绿可爱，衬托出朵朵色彩绚丽的美丽小花，花开不断，四季皆有景观，是优良的园林花卉。

【园林应用】常用作花坛或花境布置，或点缀道路两旁；也可钵植或用作立体花坛和阳台窗台，效果均好。

钓钟柳

Penstemon campanulatus Willd.

玄参科、钓钟柳属

【形态特征】多年生草本。株高40～60cm。茎直立而丛生，多分枝。单叶对生，卵形至披针形，叶缘有细锯齿。花单生或3～4朵生于叶腋，呈不规则总状花序，花冠筒长约2.5cm，组成顶生长圆锥形花序；花色有紫、玫瑰红、紫红或白等色；花冠筒内有白色条纹。花期5～9月。

【地理分布】原产墨西哥及危地马拉。

【主要习性】喜阳光充足，稍耐半阴；不耐寒，忌炎热干燥；宜排水良好、含石灰质的沙质壤土。

【繁殖方式】播种、扦插或分株法繁殖。

【观赏特征】株形秀丽，花色鲜艳，花期长，观赏性强。

【园林应用】适宜花坛、花境种植，与其他蓝色宿根花卉配置，可组成极鲜明的色彩景观；也可盆栽观赏。

红花钓钟柳（草本象牙红）

Penstemon barbatus Nutt.

玄参科、钓钟柳属

【形态特征】多年生草本。株高60～80cm。茎直立，光滑，有多数分枝。叶对生，披针形，全缘。花2～3朵聚伞状生于叶腋，具总梗，下有2条线状苞片；花冠筒状唇形，下唇内有紫色条纹；花玫瑰红色。花期5～6月。

【地理分布】原产北美洲。

【主要习性】喜光照；耐寒；对土壤要求不严，但以排水良好石灰质的沙质壤土为佳；喜湿润，夏季炎热、干燥则生长不良。

【繁殖方式】以分株繁殖为主，也可播种繁殖。

【观赏特征】株形开展，花序长，花色艳丽，整体花期较长。

【园林应用】适宜配置于花境；也可庭院栽植或做切花观赏。

宿根花卉

宿根福禄考（天蓝绣球、锥花福禄考）
Phlox paniculata L.   花荵科、福禄考属

【形态特征】多年生草本。株高 60～120cm。茎粗壮直立，近无毛。叶交互对生或 3 叶轮生，卵状披针形或长椭圆形。圆锥花序顶生，花朵密集；花冠高脚碟状，先端 5 裂；花色有紫、橙、红、白等不同深浅的品种。花期 7～9 月。
【地理分布】原产北美洲。现世界各地广泛栽培。
【主要习性】性强健。喜阳光充足；耐寒，忌炎热多雨；喜肥沃湿润的石灰质壤土。
【繁殖方式】分株、扦插或播种繁殖。
【观赏特征】花序整齐，开花紧密，花色鲜艳。
【园林应用】可布置于花境、花坛或点缀于草坪中；也可用作盆栽摆放或作切花用；还是夏季优良的庭院宿根花卉。

随意草（假龙头花、芝麻花）
Physostegia virginiana Benth.   唇型科、假龙头花属

【形态特征】多年生草本。株高 60～120cm。茎丛生而直立，稍四棱形，地下有匍匐状根茎。叶长椭圆形至披针形，端锐尖，缘有锯齿。穗状花序顶生，长 20～30cm，单一或有分枝，由下向上绽放，小花密集；花淡紫色、红色、白色至粉色。坚果。花期 7～9 月。
【地理分布】原产北美洲。
【主要习性】喜光照充足，能耐半阴；喜温暖，耐寒及耐热力均强；对土壤要求不严；耐湿。
【繁殖方式】分株或播种繁殖。
【观赏特征】植株挺直整齐，叶秀花艳，盛开的花穗迎风摇曳，婀娜多姿，极具观赏性。
【园林应用】布置花境、花坛，或丛植、片植以体现自然之美；还可作切花用。

桔梗（僧冠帽、六角荷）
Platycodon grandiflorus (Jacq.) A. DC.　　　　　桔梗科、桔梗属

【形态特征】多年生草本。根粗壮，长圆柱形。茎直立，单一或分枝。叶3枚轮生，有时为对生或互生，叶为卵形或卵状披针形，叶缘具尖锯齿，下面被白粉。花单生，或数朵聚合呈总状花序；花冠钟形；蓝紫色。花期7～9月。

【地理分布】原产中国、朝鲜和日本。

【主要习性】喜阳光充足，也稍耐阴；喜凉爽，耐寒；宜排水良好、富含腐殖质的沙质土壤。

【繁殖方式】分株或播种繁殖。

【观赏特征】花蕾形态特异，"花未开时如僧帽"，因此得名"僧冠帽"，且花色雅致，叶色翠绿，广受人们的喜爱。

【园林应用】适于宿根花境，或作丛植；也可作切花用；根为重要药材；幼苗的茎叶可入菜。

玉竹
Polygonatum odoratum (Mill.) Druce.　　　　　百合科、黄精属

【形态特征】多年生草本。株高20～60cm。根茎横走，肉质，黄白色。叶互生，无柄；叶片椭圆形至卵状长圆形，上面绿色，下面灰色。花腋生，通常1～3朵簇生；花被筒状，黄绿色至白色，先端6裂，裂片卵圆形，常带绿色。浆果球形，熟时蓝黑色。花期4～6月。

【地理分布】原产我国西南地区。野生分布很广。

【主要习性】喜半荫；耐寒；宜湿润、肥沃、富含腐殖质的疏松土壤；忌积水。

【繁殖方式】播种或分株繁殖。

【观赏特征】茎叶挺拔，叶色翠绿，花白色，钟形下垂，清雅可爱。

【园林应用】宜用于花境；林缘作地被植物；也可盆栽观赏。

宿根花卉

委陵菜
Potentilla chinensis Ser.

蔷薇科、委陵菜属

【形态特征】多年生草本。株高 50～60cm。茎粗壮，多直立，密被白色绒毛。羽状复叶；基生叶丛生，小叶 15～31 枚，多长圆形，羽状深裂，上面绿色，有短柔毛或无毛，下面密被白色棉毛；茎生叶与基生叶相似，但较小。伞房状聚伞花序，多花，花瓣黄色。瘦果。花期 5～9 月。

【地理分布】分布于东北、华北、西北、西南，蒙古、朝鲜、日本也有。

【主要习性】喜光；耐寒；对土壤要求不严，耐干旱瘠薄。

【繁殖方式】分株繁殖。

【观赏特征】株丛秀丽，花色金黄，亮丽鲜艳。

【园林应用】适于作地被植物；也可作为岩石园的材料。

匍枝委陵菜（蔓委陵菜）
Potentilla flagellaris Willd. ex Schlecht.

蔷薇科、委陵菜属

【形态特征】多年生草本。茎细弱，具匍匐枝，长 20～50cm。基生叶为掌状复叶，小叶 5，稀为 3，小叶常无柄，菱状倒卵形。花单生叶腋，直径约 1.5cm，花梗长 3～4cm；花瓣黄色。花期 5～7 月。

【地理分布】我国东北、华北、甘肃、江苏等地有分布，朝鲜、蒙古也有。

【主要习性】喜阳光充足；耐寒；不择土壤，但以排水良好的壤土为宜；耐干旱瘠薄。

【繁殖方式】分株繁殖。

【观赏特征】株丛紧密，覆盖效果好。

【园林应用】优良的地被植物，也可用于岩石园。

毛茛
Ranunculus japonicus Thunb.

毛茛科、毛茛属

【形态特征】多年生草本。株高 20～60cm，全株被白色细长毛。叶片五角形，深裂；基生叶具叶柄，茎生叶具短柄或无柄。花与叶相对侧生，单一或数朵生于茎顶，具长柄；花黄色，直径约 2cm，花瓣 5。花期 4～8 月。

【地理分布】全国大部分地区有分布。

【主要习性】喜光；耐水湿；适应性强。

【繁殖方式】播种繁殖。

【观赏特征】黄色花单生或数朵簇生，花朵绚丽，精致而有光泽，且整体上富有野趣，花期长。

【园林应用】常用于布置花境，或作缀花草坪及地被。

匍枝毛茛
Ranunculus repens L.

毛茛科、毛茛属

【形态特征】多年生草本。株高 15～50cm。茎下部匍匐地面，节处生根并分枝。3 出复叶，基生叶或下部叶具长柄；小叶 3 深裂或 3 全裂。花数朵着生于根出的总梗上，花瓣 5～8 枚，橙黄色至黄色，具光泽。花期 5～6 月。

【地理分布】原产欧洲及北美，我国也有分布。

【主要习性】喜阳又耐阴；耐寒；喜湿；不耐践踏。

【繁殖方式】分株、播种或扦插繁殖。

【观赏特征】株形低矮，枝叶茂密，花色鲜艳，是极优良的地被植物。

【园林应用】适作地被植物。

宿根花卉

黑心菊
Rudbeckia hirta L.

菊科、金光菊属

【形态特征】多年生草本。株高100cm。枝叶粗糙，全株被有粗糙刚毛。在近基部处分枝。基生叶卵状倒披针形，上部叶互生，叶匙形或阔披针形，具粗齿。头状花序单生，花序大，圆锥形；舌状花黄色；管状花绿色。瘦果细柱状。花期5~8月。

【地理分布】原产北美。

【主要习性】喜阳光充足；喜温暖、耐寒；对土壤要求不严；耐干旱。

【繁殖方式】播种繁殖为主，也可分株或扦插繁殖。

【观赏特征】植株高大，花大艳丽，具有一定的观赏性。

【园林应用】可作花境材料，或草地边缘、道路两侧栽植；也可作树坛边缘、隙地或需要遮蔽物体的绿化材料。

【常见品种】
'大花'黑心菊（*R. hirta* 'Marmelade'）株高45cm，冠幅30cm；茎直立，具分枝；叶披针形，头状花序雏菊状，花径3.5cm，舌状花金黄色及橙色，管状花黑色，花期6~9月。

金光菊
Rudbeckia laciniata L.

菊科、金光菊属

【形态特征】多年生草本。株高 60～250cm。茎多分枝，无毛或稍被短粗毛。叶片较宽，基生叶羽状，5～7 裂，有时又 2～3 中裂，茎生叶 3～5 裂，边缘具稀锯齿。头状花序具长梗；舌状花黄色，有时基部褐色，中性；管状花近球形或圆柱形，淡绿色、淡黄色至黑紫色。花期 7～9 月。

【地理分布】原产加拿大及美国。

【主要习性】适应性强，极易栽培。喜光照充足；喜温暖，极耐寒；不择土壤，尤以排水良好的沙壤土及向阳处生长更佳；耐干旱。自播繁衍能力强。

【繁殖方式】播种、分株或扦插繁殖。

【观赏特征】植株高大，风格粗放，花期长，花大而美丽。

【园林应用】适于花境、花坛或自然式栽植；在路边或林缘自然栽植效果也很好；还可做切花。

【常见品种】

'金色'金光菊（'黄球'金光菊）（*R. laciniata* 'Goldquelle'）株高 60～80cm；花径 8cm，重瓣，花色黄，花期 7 月下旬至 11 月中下旬。

宿根花卉

地榆
Sanguisorba officinalis L.

蔷薇科、地榆属

【形态特征】多年生草本。株高 50～150cm。茎直立，无毛。叶互生，奇数羽状复叶，有托叶。花小，两性或杂性；穗状花序顶生，倒卵形或圆柱形，形似桑葚；花萼宿存，萼筒倒圆锥形，萼片花瓣状，暗紫红色；无花瓣。花期 6～7 月。

【地理分布】我国东北、华北、西北、华中至华南等地有分布。

【主要习性】喜温暖湿润环境，耐寒；对土壤要求不严，喜腐殖质壤土或沙质壤土，忌干旱。

【繁殖方式】播种或分株繁殖。

【观赏特征】小叶似榆树叶，初生时贴地而生，故称地榆；其植株高大，叶片排列整齐，株形紧凑，花序奇特，无花时观叶亦佳。

【园林应用】花境的良好材料；也可以在路缘或林缘丛植。

石碱花（肥皂草）
Saponaria officinalis L.

石竹科、肥皂草属

【形态特征】多年生草本。株高 30～90cm，全株无毛。茎直立，基部稍铺散。叶对生，椭圆状披针形，具明显的 3 脉。顶生聚伞花序，花瓣有单瓣及重瓣，花淡粉色或白色。花期 7～9 月。

【地理分布】原产欧洲及西亚。现各国均有栽培。

【主要习性】性强健，适应性强。喜光，耐半阴；耐寒；对土壤及环境条件要求不严；耐旱。有自播繁衍能力。

【繁殖方式】播种或分株繁殖。

【观赏特征】株丛紧密，枝繁叶茂，翠绿色的叶丛中点缀朵朵白花，淡雅美丽。

【园林应用】常用于花坛、花境中；丛植于路边、篱旁；还可作观花地被植物。

费菜（金不换）
Sedum kamtschaticum Fisch.　　　　　　　景天科、景天属

【形态特征】多年生肉质草本。株高 15～40cm。根状茎粗壮而木质，横走，细茎向上伸长而稍有棱。叶互生，偶有对生；倒披针形至狭披针形，叶无柄。聚伞花序顶生，花黄色或橘黄色。花期6月。
【地理分布】原产亚洲东北部。我国河北、山西、陕西、内蒙古等地均有分布。
【主要习性】喜阳光充足，稍耐阴；耐寒；宜排水良好的土壤；耐干旱。
【繁殖方式】以分株、扦插繁殖为主，也可播种繁殖。
【观赏特征】株形丰满，叶色翠绿，花开时金黄一片，异常壮美。
【园林应用】多用于花坛、花境；也可用于岩石园或做镶边及地被植物。

佛甲草（白草）
Sedum lineare Thunb.　　　　　　　景天科、景天属

【形态特征】多年生肉质草本。株高 10～20cm。茎初生时直立，后下垂，有分枝。叶常3叶轮生，少有对生。聚伞花序顶生，花葶直立；萼片线状披针形；花为黄色。花期5～6月。
【地理分布】原产中国及日本。我国广东、云南、四川、甘肃等地均有分布。
【主要习性】喜阳光充足，稍耐阴；耐寒力弱；对土壤要求不严；耐干旱。
【繁殖方式】扦插繁殖为主，也可播种繁殖。
【观赏特征】株丛紧密，叶翠绿肉质，花序繁密鲜艳，观赏价值高。
【园林应用】宜作模纹花坛或于岩石园布置；也可盆栽观赏。

宿根花卉

八宝（蝎子草）
Sedum spectabile Boreau

景天科、景天属

【形态特征】多年生肉质草本植物。株高 30～50cm，全株略被白粉，呈灰绿色。地下茎肥厚，地上茎簇生，粗壮而直立。叶轮生或对生，倒卵形，肉质，稍具波状齿。伞房花序顶生，密集，直径 10～13cm；花淡粉红色。蓇葖果。花期 8～9 月。

【地理分布】原产中国。现全国各地园林中均有栽培。

【主要习性】喜强光；耐寒性强；喜排水良好的沙质土壤；耐干旱瘠薄，忌雨涝积水；在干燥、通风良好的环境下生长良好。

【繁殖方式】分株、扦插繁殖为主，也可早春播种繁殖。

【观赏特征】新叶肉质翠绿，花序繁密鲜艳，观赏价值高。

【园林应用】群体花相好，大片丛植效果极佳，常在花境中作水平线条花卉；也可点缀岩石园；还可作室内盆栽植物观赏。

垂盆草

Sedum sarmentosum Bunge

景天科、景天属

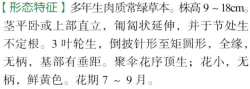

【形态特征】多年生肉质常绿草本。株高9~18cm。茎平卧或上部直立，匍匐状延伸，并于节处生不定根。3叶轮生，倒披针形至矩圆形，全缘，无柄，基部有垂距。聚伞花序顶生；花小，无柄，鲜黄色。花期7~9月。

【地理分布】原产中国、朝鲜及日本。我国华东、华北等多数地区有分布。

【主要习性】喜稍阴湿的环境；性耐寒；喜肥沃的沙质土壤；耐干旱瘠薄。

【繁殖方式】以分株、扦插繁殖为主。

【观赏特征】株丛匍匐于地面，叶色翠绿，犹如绿色的毯子覆盖地面，观赏效果好。

【园林应用】多作地被植物，但不耐践踏；可布置花坛、岩石园或作镶边材料；也可盆栽观赏。

银叶菊（雪叶菊）

Senecio cineraria DC.

菊科、千里光属

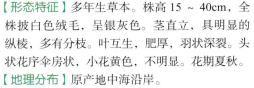

【形态特征】多年生草本。株高15~40cm，全株披白色绒毛，呈银灰色。茎直立，具明显的纵棱，多有分枝。叶互生，肥厚，羽状深裂。头状花序伞房状，小花黄色，不明显。花期夏秋。

【地理分布】原产地中海沿岸。

【主要习性】喜光照充足；喜温暖，不耐高温；喜排水良好、疏松肥沃的土壤；较耐旱，怕水湿。

【繁殖方式】扦插繁殖为主。

【观赏特征】株丛低矮紧密，叶裂似花，全株覆白毛，呈银灰色，甚为奇特。

【园林应用】因其植株低矮，覆地性强，是难得的银色地被植物；与其他不同叶色或花色的植物搭配种植在花境中，不仅能丰富色彩，还能调节整体色彩的明度；也可作花坛的镶边材料。

宿根花卉

一枝黄花（加拿大一枝黄花）
Solidago canadensis L.

菊科、一枝黄花属

【形态特征】多年生草本。株高1~2m。茎光滑，仅上部稍被短毛。叶披针形或长圆状披针形，长9~18cm，质薄，有3行明显的叶脉。圆锥花序生于枝端，稍弯曲而偏于一侧；总苞近钟形；舌状花黄色，一轮；管状花黄色。花期7~9月。

【地理分布】原产北美东部。我国华东为归化草本植物。

【主要习性】生长强健。喜阳光充足；喜凉爽气候，耐寒；在排水良好的壤土或沙质壤土中生长最好；耐旱。

【繁殖方式】以分株繁殖为主，也可播种繁殖。

【观赏特征】植株挺拔，花序硕大，金黄灿烂，且有高低不同之品种。

【园林应用】多丛植作花境栽植，或作疏林地被；还可栽于道路两侧；高型品种亦用于切花，水养持久。但由于一枝黄花生长强健，与其他植物争光、争肥，造成其成片死亡，成为入侵种。因此，在应用时要谨慎，尽量避免大面积片植。

蒲公英
Taraxacum mongolicum Hand.

菊科、蒲公英属

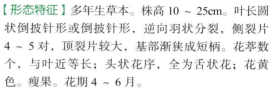

【形态特征】多年生草本。株高10～25cm。叶长圆状倒披针形或倒披针形，逆向羽状分裂，侧裂片4～5对，顶裂片较大，基部渐狭成短柄。花葶数个，与叶近等长；头状花序，全为舌状花；花黄色。瘦果。花期4～6月。
【地理分布】全国几乎都有分布，朝鲜、前苏联也有。
【主要习性】适应性广，抗性强。喜阳光充足；抗寒又耐热；可在各种土壤中生长，但在肥沃、湿润疏松的土壤中生长最好；抗旱、耐涝。
【繁殖方式】播种或分株繁殖。
【观赏特征】蒲公英是早春最先绽放的草花之一，金黄的小花点缀在嫩绿的草坪上，形成一片田野春色，花后果序似白色绒球，微风拂过果实随风飘散，极富情趣。
【园林应用】适宜布置缀花草坪；亦作疏林下地被植物。

紫露草
Tradescantia reflexa Raf.

鸭跖草科、紫露草属

【形态特征】多年生宿根草本。株高30～50cm。茎直立，圆柱形，苍绿色，光滑。叶广线形，苍绿色，稍被白粉，多弯曲，叶面内折，基部鞘状。花多朵簇生枝顶；外被2枚长短不等的苞片，径约2～3厘米；花柄细，光滑或微被疏毛；萼片3，绿色；花蓝紫色。花期6～10月，单花只开放1天时间。
【地理分布】原产北美。我国普遍有栽培。
【主要习性】喜日照充足，但也能耐半阴，在树荫下能正常开花；耐寒，耐热；喜肥沃湿润、排水良好的沙质土壤。
【繁殖方式】以分株繁殖为主。
【观赏特征】植株纤美，花色淡雅，蓝紫色的小花点缀在翠绿的叶面上，秀丽而雅致。
【园林应用】用于花坛、道路两侧丛植效果较好；林荫下作地被；也可盆栽供室内摆设。

宿根花卉

白车轴草（白三叶）
Trifolium repens L.

豆科、三叶草属

【形态特征】多年生草本。匍匐茎，节部易生不定根。3小叶互生，小叶倒卵形至倒心形，深绿色，先端圆或凹陷，基部楔形，边缘具细锯齿，叶面中心有个三角形的白晕。头状花序球形，总花梗长；花冠白色，偶有浅红色。荚果，倒卵状矩形。花期4~6月。

【地理分布】原产欧洲。中国东北部、山东及华东地区均有分布。

【主要习性】喜光不耐庇荫；耐寒；适应性强，各种土壤均能生长，耐瘠薄；耐干旱；耐践踏；适于修剪。

【繁殖方式】播种或分株繁殖。

【观赏特征】植株整齐，地面覆盖效果极好，且花叶兼优，绿色期长，是一种优秀的观花赏叶地被植物。

【园林应用】适宜作封闭式观赏草坪；亦可植于林缘、坡地作地被植物。

细叶美女樱
Verbena tenera Spreng.

马鞭草科、马鞭草属

【形态特征】多年生草本。株高20~40cm。茎丛生，基部稍木质化，倾卧状。叶2回羽状深裂或全裂，裂片狭线形，小裂片呈条形，端尖，全缘。穗状花序顶生，花蓝紫色。花期4月至霜降。

【地理分布】原产巴西南部。

【主要习性】喜阳光充足；耐寒；宜排水良好的肥沃土壤；夏季不耐干旱。

【繁殖方式】播种或扦插繁殖。

【观赏特征】株丛整齐，叶形细美，花期长而花色丰富。

【园林应用】适合作草坪边缘自然带状栽植；也可布置花坛或作花境镶边材料。

长叶婆婆纳（长尾婆婆纳、兔儿尾苗）

Veronica longifolia L.　　　　　　　　　　玄参科、婆婆纳属

【形态特征】多年生草本，株高 35～100cm。茎直立，有时在上部分枝。叶对生，长圆状披针形或披针形，两面淡绿色，光滑无毛，叶脉明显突起。总状花序顶生，细长，单生或复出；花冠蓝色或蓝紫色，稍带白色。花期 6～7 月。

【地理分布】原产我国。分布于东北、内蒙古地区。

【主要习性】喜阳；耐寒；对土壤要求不严；稍耐旱。

【繁殖方式】扦插或播种繁殖。

【观赏特征】植株亭亭玉立，叶形美观，高穗状的的花序典雅、神秘，花期长，观赏价值高。

【园林应用】是花境中极好的竖线条花卉；也可在林缘或路旁丛植。

紫花地丁

Viola philippica Cav.　　　　　　　　　　堇菜科、堇菜属

【形态特征】多年生草本。无地上茎，株高 4～14cm。叶基生，莲座状，叶片下部者呈三角状卵形或狭卵形，上部者呈长圆形或狭卵状披针形，先端圆钝，基部截形或楔形。花梗与叶片等长或高出于叶片；萼片 5，卵状披针形；花紫堇色或淡紫色。蒴果。花期 4～5 月。

【地理分布】原产中国、日本及原苏联。我国东北、华北至西北等地有分布。

【主要习性】性强健。耐半阴的环境，在阳光下也能生长；耐寒；对土壤要求不严；耐旱。在华北地区能自播繁衍。

【繁殖方式】播种或分株繁殖

【观赏特征】紫花地丁通常成片生长，且在少花的早春开放，形成一片蓝紫色的花田，蔚为壮观。

【园林应用】常作早春观花地被植物，成片植于林缘或向阳的草地上；也可与其他草本植物，如野牛草、蒲公英等混种，形成美丽的缀花草坪；还可栽于庭园，装饰花境或镶嵌草坪。

球根花卉

大花葱（砚葱、高葱）
Allium giganteum Regel

百合科、葱属

【形态特征】多年生草本。株高可达 1.2m。鳞茎球形，被白色膜质皮。叶基生，被白粉，宽带形。花葶远高于叶丛；顶生球状伞形花序，由多数小花密生而成；花序开放前有一闭合总苞，开放时破裂；小花淡紫色。花期 6 ~ 7 月。

【地理分布】原产亚洲中部及喜马拉雅地区。

【主要习性】喜阳光充足；喜凉爽，忌湿热多雨；对土壤的要求不严，耐瘠薄，耐干旱。

【繁殖方式】鳞茎分生能力极弱，以播种繁殖为主。

【观赏特征】花茎高大挺拔，茎端繁花密集形成绚丽多彩的大花球，醒目而别致，且叶色翠绿，叶形优美，十分惹人喜爱。

【园林应用】常用于布置花境；也可于草坪及林缘丛植；还可作切花材料。

大花美人蕉（红艳蕉）
Canna generalis Bailey

美人蕉科、美人蕉属

【形态特征】多年生草本。株高可达 1.5m，全株被白粉。根茎横卧而肥大。叶大，互生，长椭圆状披针形。总状花序，具长梗，花大；雄蕊 5 枚，均瓣化成花瓣状，圆形，其中 4 枚直立而不反卷，1 枚向下反卷；花有红、黄、紫、白、洒金等色。花期 6 ~ 10 月。

【地理分布】原产美洲热带及亚热带。我国各地广为栽培。

【主要习性】喜阳光充足；喜高温炎热，不耐寒；不择土壤，以湿润、肥沃深厚的土壤为宜，稍耐水湿。

【繁殖方式】分株繁殖，育种可用播种繁殖。

【观赏特征】花叶兼美，颜色丰富而艳丽，花期长，开花时正值炎热少花季节，园林中应用极为普遍。

【园林应用】常用于花坛、花境，宜作花境背景或花坛中心栽植；也可丛植于草坪边缘或绿篱前；作基础种植；矮生品种可作地被或盆栽观赏；此外，美人蕉抗污染和有害气体的能力较强，可作为工矿绿化的材料。

球根花卉

大百合（荞麦叶贝母）
Cardiocrinum giganteum (Wall.) Makino

百合科、大百合属

【形态特征】多年生草本。株高1~2m。茎直立，中空，无毛。叶纸质，网状脉，基生叶卵状心形或近宽矩圆状心形，茎生叶卵状心形。总状花序有花10~16朵，无苞片，花狭喇叭形，白色，里面具淡紫红色条纹；花被片条状披针形。花期6~7月。
【地理分布】原产中国，印度、不丹及尼泊尔等地也有分布。
【主要习性】喜阴湿环境，耐半阴；较耐寒；适合于深厚、肥沃、微酸性土壤。
【繁殖方式】以分球繁殖为主，也可播种繁殖。
【观赏特征】植株健壮，花大洁白，十分雅致。
【园林应用】宜栽植于大庭院或稀疏林下半荫处，也可盆栽观赏，点缀居室和阳台。

秋水仙（草地番红花）
Colchicum autumnale L.

百合科、秋水仙属

【形态特征】多年生草本。株高15~20cm。球茎卵形，外被黑褐色皮膜。叶3~8枚，宽披针形，端钝；绿色，光滑而富有光泽；于花后抽出。花1~4朵或5~6朵；花被片边缘淡紫色或淡紫红色；筒部细长。秋季开花。
【地理分布】原产欧洲及北非。
【主要习性】喜阳光充足；较耐寒；宜富含腐殖质、肥沃湿润且排水良好的沙质壤土，不宜黏质土壤。
【繁殖方式】以分球繁殖为主，也可播种繁殖。
【观赏特征】植株鲜嫩娇丽，花姿优雅别致，清新脱俗，花朵傍地而生，别具特色。
【园林应用】宜植于岩石园；亦可用于花境或点缀草坪。

铃兰（草玉铃、君影草）
Convallaria majalis L.

百合科、草玉玲属

【形态特征】多年生草本。株高 20~30cm。地下具横行而分枝的根状茎。叶基生，椭圆形或长圆状卵圆形。花葶从基部抽出；总状花序偏向一侧，着花 6~10 朵；小花钟状，下垂，白色，芳香。浆果球形，熟时红色。花期 4~5 月。

【地理分布】原产于北半球温带，即欧洲、亚洲及北美。我国东北林区及秦岭有野生。现世界各地普遍引种栽培。

【主要习性】喜散射光，耐阴；喜凉爽，耐严寒，忌炎热；要求富含腐殖质的酸性或微酸性的沙质壤土；喜湿润，忌干燥。

【繁殖方式】分株或播种繁殖。

【观赏特征】其总状花序上白色钟状小花朵朵下垂，清香似兰，故名铃兰。株丛低矮，花具清香，入秋时红果娇艳。

【园林应用】宜作林下或林缘地被植物；也常用作花境、草坪以及自然山石旁或岩石园的点缀。

番红花（藏红花、西红花）
Crocus sativus L.

鸢尾科、番红花属

【形态特征】多年生草本。株高 10~20cm。叶簇生，窄线形，断面半圆形，中肋白色，叶面有沟；叶缘翻卷，先端尖。花葶与叶同时或稍后抽出，顶生一花；花被管细长，花柱长，端 3 裂，血红色；花雪青色、红紫色或白色；芳香。花期 9~10 月。

【地理分布】原产南欧地中海沿岸。

【主要习性】喜光，耐半阴；较耐寒，忌酷热；喜排水良好、富含腐殖质的沙质壤土；忌雨涝积水。

【繁殖方式】分球或播种繁殖。

【观赏特征】植株矮小，叶丛纤细，花朵娇柔优雅，色彩丰富艳丽，且有芳香气味。

【园林应用】宜作疏林地被或于草坪边缘丛植；也可点缀岩石园；还可盆栽观赏。

球根花卉

大丽花（大理花、天竺牡丹）
Dahlia pinnata Cav.　　　　　　　　　　　　　菊科、大丽花属

【形态特征】多年生草本。株高 40～150cm。肉质块根肥大。茎直立中空。叶对生，1～3 回羽状分裂，裂片卵形或椭圆形。头状花序顶生，具长总梗；花大，中间管状花两性，多为黄色；外围舌状花单性；色彩艳丽丰富，有紫、红、黄、白等各种颜色。花期 6～10 月。
【地理分布】原产墨西哥。现世界各地广泛栽培。
【主要习性】喜阳光，忌暴晒；喜凉爽，忌暑热；宜富含腐殖质、排水良好的沙质壤土；忌积水。
【繁殖方式】以扦插和分株繁殖为主，也可嫁接或播种繁殖。
【观赏特征】品种繁多，花型多变，重瓣者花朵硕大，富丽大方；单瓣小花者着花繁多，花色绚烂，极富观赏价值。
【园林应用】常用于布置花坛、花境；也可于庭院丛植；还可盆栽观赏。

花贝母（璎珞百合）
Fritillaria imperialis L.　　　　　　　　　　　百合科、贝母属

【形态特征】多年生草本。株高约 1m。鳞茎大，黄色，具浓臭味。茎带紫色斑点。叶轮状丛生；下部叶披针形，上部叶卵形。伞形花序腋生，下具轮生的叶状苞；花大，下垂；紫红或橙红色，基部深褐色。花期 4～5 月。
【地理分布】原产喜马拉雅山区至伊朗。
【主要习性】喜阳光充足，忌夏日阳光直射；稍耐寒，喜温暖及凉爽，忌炎热；喜富含腐殖质的微酸性至中性土壤；喜湿润。
【繁殖方式】播种或分球繁殖。
【观赏特征】花朵硕大，垂枝吊挂，宛若风铃，独特而别致，花色鲜艳，观赏性极强。
【园林应用】常用作花境材料；也作自然式丛植、片植。

唐菖蒲（菖兰、剑兰、什样锦）
Gladiolus hybridus Hort.

鸢尾科、唐菖蒲属

【形态特征】多年生草本。株高1~1.5m。基生叶剑形，互生，排成2列，草绿色。花茎自叶丛中抽出，穗状花序顶生，通常排成二列，侧向一边；花由下往上逐渐开放，花被片6枚，质如绫绸；花有白、粉、黄、橙、红、紫、蓝色等，或具复色及斑点、条纹。花期7~9月。

【地理分布】原产于非洲热带和地中海地区，以南非好望角种类最多。西欧各国、北美、日本及我国广泛栽培。

【主要习性】喜光照充足；喜温暖、凉爽，不耐过度炎热；喜深厚、肥沃、排水好的沙质壤土。

【繁殖方式】分球繁殖为主，也可用播种、球茎切割法及组培法繁殖。

【观赏特征】植株挺拔，基生叶剑形，像一把剑伸向天空，故有"剑兰"之称。花梗挺拔修长，着花多，花朵硕大，质薄如绸似绢，娇嫩可爱，花型变化多，花色艳丽多彩。

【园林应用】国内外庭园中常见的球根花卉之一，主要用于布置花境、花坛，及丛植于庭园观赏；世界上著名的切花。

球根花卉

朱顶红（孤挺花、华胄兰）
Hippeastrum rutilum Herb.　　　　　　　　　　　石蒜科、朱顶红属

【形态特征】多年生草本。叶基生，扁平带状，6~8枚两列对生，略肉质，与花同时或花后抽出。花葶自叶丛外侧抽生，扁圆柱状，粗壮中空；伞形花序着花3~6朵，花梗短；花大，花被筒漏斗状；花红色，中心及近缘处具白色条纹，或白色具红紫色条纹。花期春夏季节。

【地理分布】原产秘鲁和巴西一带。现各地均有栽培。

【主要习性】忌强烈光照；喜温暖，有一定耐寒力；喜疏松肥沃的沙质土壤；喜湿润，忌水涝。

【繁殖方式】分球或播种繁殖。

【观赏特征】朱顶红有百合之姿，君子兰之美，其叶片鲜绿洁净，花柱耸立挺拔，花朵硕大，花色艳丽，热情奔放，开花极为美丽壮观。

【园林应用】北方主要用于盆栽；温暖季节可栽植于花坛、花境或自然式丛植。

风信子（洋水仙、五色水仙）
Hyacinthus orientalis L.　　　　　　　　　　　百合科、风信子属

【形态特征】多年生草本。鳞茎球形或扁球形。叶基生，带状披针形，肥厚。顶生总状花序，花葶中空；花小，基部筒状，上部4裂，反卷，单瓣或重瓣；有红、黄、白、蓝、紫、粉各色；有香味。花期3~4月。

【地理分布】原产于欧洲、非洲南部和小亚细亚一带，以荷兰栽培最多。我国各地有栽培。

【主要习性】喜阳光充足；喜冬季温暖，夏季凉爽；宜在排水良好、肥沃的土壤中生长。

【繁殖方式】分球繁殖为主，也可播种繁殖。

【观赏特征】植株低矮整齐，花序端庄，花色丰富，花姿美丽，色彩绚烂，在光洁鲜嫩的绿叶衬托下，恬静典雅。

【园林应用】宜用于布置花境、花坛；也可丛植、片植于园路两旁及草坪边缘。

蛇鞭菊
Liatris spicata Willd.

菊科、蛇鞭菊属

【形态特征】多年生草本。株高 60～150cm。地下具黑色块根。全株无毛或散生短柔毛。茎直立，少分枝。叶互生，条形，全缘；基生叶较上部叶大。头状花序密穗状排列，花穗较长，自下而上依次开花；每一头状花序具小花 8～13 朵；紫红色。花期 7～9 月。

【地理分布】原产美国。

【主要习性】性强健。喜阳光充足；较耐寒；对土壤要求不高，但以肥沃、疏松、湿润的土壤为宜。

【繁殖方式】分株繁殖，也可播种繁殖。

观赏特性：因多数小头状花序聚集成长穗状花序，呈鞭形而得名；花茎挺立，花色清丽，景观宜人。

【园林应用】宜用作花境中的竖线条材料；矮生品种可用作花坛；也是重要的切花材料。

球根花卉

百合类
Lilium spp.
百合科、百合属

【形态特征】多年生草本。株高 50～150cm。茎直立，不分枝或少数上面有分枝。叶多互生或轮生；线形，披针形至心形；具平行脉。花单生、簇生或成总状花序；花大，漏斗状或喇叭状；花被片 6，形相似；花白、粉、橙、橘红、洋红等色；常具芳香。

【地理分布】现全国各地均有栽培。

【主要习性】耐半荫；耐寒，喜凉爽，忌酷热；要求深厚、肥沃且排水良好的沙质土壤。

【繁殖方式】分球及扦插鳞片繁殖，也可播种繁殖。

【观赏特征】植株亭亭玉立，叶片青翠娟秀，花姿雅致，花色鲜艳，高雅纯洁，且散发出宜人的幽香，被人们誉为"云裳仙子"。

【园林应用】常用于布置花境、花坛；也适宜大片群植或丛植于草坪边缘或疏林下；还是名贵的切花材料。

【常见品种】

'西伯利亚'百合（*Lilium oriental* 'Siberia'）属东方百合杂交组。株高 100～110cm；花白色，浓香，花苞长 10cm 以上；茎秆坚硬，没有叶片枯焦。

'索蚌'百合（*Lilium oriental* 'Sorbonne'）属东方百合杂交组。株高约 105cm；花粉红色，具浓香，茎秆硬度不大。

卷丹（南京百合）
Lilium lancifolium Thunb.

百合科、百合属

【形态特征】多年生草本。株高80~150cm。鳞茎广卵状球形，白色至黄色。茎直立，被白绵毛。叶狭披针形，上部叶腋具珠芽。圆锥状总状花序，具花3~20朵以上，花下垂；花被片披针形，反卷；橙红色，内面散生紫黑色斑点。花期7~8月。

【地理分布】原产中国东北、东部及中部各地。朝鲜、韩国、日本也有分布。

【主要习性】适应性强，耐强烈日照；耐寒，喜温暖干燥气候；宜肥沃、排水良好的沙质壤土。

【繁殖方式】分球或分珠芽繁殖，也可用鳞片扦插繁殖。

【观赏特征】卷丹花瓣向外翻卷，花色红艳，故名"卷丹"。花姿优美，花色艳丽。

【园林应用】常用于花坛、花境栽植；也可用于布置花卉专类园。

忽地笑（黄花石蒜）
Lycoris aurea Herb.

石蒜科、石蒜属

【形态特征】多年生草本。鳞茎肥大，近球形。叶基生，质厚，阔线形，灰绿色；花前枯死，花后秋季又发新叶。花葶高30~60cm；伞形花序，着花5~10朵；黄色；花瓣片倒披针形，边缘高度反卷和皱缩；雌、雄蕊外露。花期7~9月。

【地理分布】原产中国中南部。江、浙、云、贵、川等地均有分布。

【主要习性】喜半阴；喜温暖，有一定耐寒性；对土壤要求不严；喜湿润也能耐干旱。

【繁殖方式】分球繁殖。

【观赏特征】花茎挺拔，顶生黄色花序，花型优美，花色灿烂，鲜艳夺目，且开花时没有叶，长叶时不开花，奇特而富有趣味。

【园林应用】常用作疏林地被；也可植于花境、岩石旁、草坪边缘等处；还可盆栽观赏。

■■ 球根花卉

石蒜（红花石蒜、嶂螂花、龙爪花）
Lycoris radiata (L'Her.) Herb.　　　　　　石蒜科、石蒜属

【形态特征】多年生草本。鳞茎宽椭圆形或近球形，外被紫红色膜。叶基生，线性，先端钝；深绿色；花后自基部抽出。伞形花序顶生，着花 4～6 朵；花被片 6，裂片狭倒披针形，上部开展并向后反卷，边缘波状而皱缩；花鲜红色或具白色边缘。花期 9～10 月。

【地理分布】原产中国及日本。我国长江流域及西南各地有野生。

【主要习性】喜阴，不耐阳光暴晒；耐寒；喜排水良好、肥沃的沙质壤土及石灰质壤土。

【繁殖方式】分球繁殖。

【观赏特征】冬季绿叶青翠，夏末秋初葶葶花茎破土而出，红花怒放，鲜艳夺目，美丽异常。

【园林应用】可作林下地被花卉及花境丛植；亦于草坪上以自然式栽植。先花后叶，故与其他较耐阴的草本植物搭配为好。

鹿葱（夏水仙）
Lycoris squamigera Maxim.　　　　　　石蒜科、石蒜属

【形态特征】多年生草本。鳞茎近球形。叶片淡绿色，阔线形，花后抽生。花葶高达 60cm；伞形花序，着花 4～8 朵；花被裂片倒披针形，端部突尖，边缘基部微皱缩；花粉红色，有雪青色或水红色晕；稍带芳香。花期 8 月。

【地理分布】原产中国华东地区及日本。

【主要习性】喜阴，不耐阳光暴晒；耐寒性强，华北地区可露地越冬。

【繁殖方式】分球繁殖。

【观赏特征】花型美丽，花色淡雅，中心白地，红黄点点，摇风弄影，丰韵可人。

【园林应用】常作林下地被花卉及花境丛植；亦于草坪上以自然式栽植。

葡萄风信子（蓝壶花、葡萄百合）

Muscari botryoides Mill.　　　　　　　　百合科、蓝壶花属

【形态特征】多年生草本。地下鳞茎球形，皮膜白色。叶基生，线形；暗绿色；边缘常向内反卷。花葶自叶丛中抽出；总状花序密生花葶上部；花小，有蓝、白、肉红等色。花期3月中至5月上旬。
【地理分布】原产欧洲南部。荷兰栽培较多，我国各地有栽培。
【主要习性】性强健。耐半阴；耐寒，华东及华北地区可露地栽培越冬；喜排水良好、深厚肥沃的沙质壤土。
【繁殖方式】分球繁殖。
【观赏特征】植株矮小，总状花序如串串葡萄，玲珑可爱，花期早，开花时间长。
【园林应用】常用作林下地被花卉；或于花境、草坪自然丛植。

喇叭水仙（洋水仙、漏斗水仙、黄水仙）

Narcissus pseudo-narcissus L.　　　　　　石蒜科、水仙属

【形态特征】多年生草本。鳞茎卵圆形。叶4～6枚丛生，阔带形，扁平，光滑；灰绿色，具白粉。花葶高20～30cm，每葶开花1枝；花大，花被片白色带淡黄色；副冠橘黄色，喇叭状，边缘有齿牙或皱褶。花期4～5月。
【地理分布】原产法国、英国、西班牙、葡萄牙等地。
【主要习性】喜光照，也耐阴；耐寒性强；喜深厚、疏松肥沃的土壤；喜水分。
【繁殖方式】分球繁殖。
【观赏特征】姿态潇洒，叶色青翠，花形奇特，花大色艳。
【园林应用】常散植于草坪中；亦布置在疏林下及花坛边缘。

球根花卉

白头翁（老公花、毛姑朵花）
Pulsatilla chinensis (Bunge) Regel

毛茛科、白头翁属

【形态特征】多年生草本。株高20～40cm，全株密被白色柔毛。地下具肥厚块茎。叶基生，3出复叶，具长柄，叶缘有锯齿。花单朵顶生；具花瓣状萼片6枚，排成2轮，蓝紫色，外被白色柔毛；花后羽毛状花柱宿存。花期4～5月。

【地理分布】原产中国。华北、江苏、东北等地均有分布。

【主要习性】在疏荫下生长良好；性耐寒，喜凉爽气候；土壤以排水良好的沙质壤土为好，不耐盐碱和低湿。

【繁殖方式】播种和分割块茎繁殖。

【观赏特征】花期早，花形美丽，花谢后，银丝状花柱宿存，形似白发老翁，故得名白头翁。

【园林应用】常用于花境；自然式植于林间隙地及灌丛之间；也可用于花坛或盆栽观赏。

花毛茛（芹菜花、波斯毛茛）
Ranunculus asiaticus L.

毛茛科、毛茛属

【形态特征】多年生草本。株高30～45cm。茎单生，稀分枝，中空，有毛。基生叶3浅裂或3深裂，具长柄；茎生叶无叶柄，2至3回羽状深裂。花单生或数朵顶生；萼绿色；花色主要有红、白、黄、橙等色。花期4～5月。

【地理分布】原产欧洲东南部及亚洲西南部。我国各大城市均有栽培。

【主要习性】喜半阴环境；喜凉爽、忌炎热，较耐寒；要求腐殖质多、肥沃而排水良好的沙质或略黏质土壤。

【繁殖方式】分株繁殖为主，亦可播种繁殖。

【观赏特征】植株玲珑秀美，花色丰富艳丽，花型优美。

【园林应用】常用于布置花坛、花带；于林下、草坪边缘丛植；也可作盆栽观赏及切花材料。

郁金香（洋荷花、草麝香）

Tulipa gesneriana L.

百合科、郁金香属

【形态特征】多年生草本。株高 20～40cm。鳞茎扁圆锥形，具棕褐色皮膜。茎、叶光滑，被白粉。叶 3～5 枚，带状披针形至卵状披针形，常有毛。花单生茎顶，大型，直立杯状；花被片 6 枚，离生；有白、黄、橙、粉、紫、红等各种花色，并有复色、条纹、重瓣等品种。花期 3～5 月。

【地理分布】原产地中海南北沿岸及中亚细亚和伊朗、土耳其，东至中国的东北地区等地。现世界各地广泛栽培。

【主要习性】喜向阳或半阴环境；耐寒性强，怕酷热；以富含腐殖质、排水良好的沙质壤土为宜，忌低湿黏重土壤。

【繁殖方式】秋季分球或播种繁殖。

【观赏特征】品种繁多，花型、花色、株型及花期各异，色彩丰润，鲜艳夺目，异彩纷呈。

【园林应用】常用于布置花坛、花境、花丛、花台及专类花展等；也可丛植点缀于草坪上；中、矮性品种还可盆栽观赏；也是优良的切花材料。

葱兰（葱莲、玉帘）

Zephyranthes candida Herb.

石蒜科、葱莲属

【形态特征】多年生常绿草本。株高 10～20cm。小鳞茎狭卵形，颈部细长。叶基生，线形，具纵沟，稍肉质；暗绿色。花葶自叶丛一侧抽出；顶生 1 花，苞片白色膜质，或漏斗状，无筒部；白色或外侧略带紫红晕。花期 7～10 月。

【地理分布】原产南非。

【主要习性】喜阳光充足，耐半阴；喜温暖，稍耐寒；要求肥沃、排水良好的稍黏质土壤；喜湿润。

【繁殖方式】分球繁殖。

【观赏特征】株丛低矮整齐，叶色翠绿，郁郁葱葱，花朵繁茂，花色洁白，如一只只白蝶在绿叶间翩跹，迎风而荡，珊珊可爱。

【园林应用】常用于布置夏季花坛、花境或作草地镶边；亦可用作地被植物，于林下、坡地栽植；还可盆栽观赏。

球根花卉

韭兰（红玉帘、菖蒲莲、风雨花）
Zephyranthes grandiflora Lindl.

石蒜科、葱莲属

【形态特征】多年生常绿草本。株高 15～25cm。鳞茎卵圆形。叶基生，较长而软，扁线形，稍厚。花葶自叶丛一侧抽出，顶生 1 花；花漏斗状，明显具筒部；粉红色或玫红色，苞片粉红色。花期 4～9 月。

【地理分布】原产热带美洲的墨西哥等地。我国各地多有栽培。

【主要习性】春植球根花卉。性较强健。喜阳光充足，也耐半阴；喜温暖，稍耐寒；要求肥沃、排水良好的稍黏质土壤；喜湿润。

【繁殖方式】分球繁殖。

【观赏特征】株丛低矮，郁郁葱葱，开花繁茂，花期较长。据说其花常于大风雨来临前开放，故又名"风雨花"。

【园林应用】宜作花坛、花境或草地镶边；可作盆栽供室内观赏；亦可作半阴处地被花卉。

水生花卉

水生花卉

菖蒲（水菖蒲）
Acorus calamus L.

天南星科、菖蒲属

【形态特征】多年生挺水植物。株高 60～80cm。根茎肥大，横卧泥中，有芳香。叶二列状着生，剑状线形，基部鞘状，对折抱茎；叶片揉碎后有香气。花茎似叶，稍细，短于叶丛，圆柱状，稍弯曲；叶状佛焰包，内具圆柱状长锥形肉穗花序；花小，黄绿色。花期 6～9 月。

【地理分布】原产我国及日本。广泛分布于温带和亚热带地区，我国南北各地均有栽培。

【主要习性】喜阳光充足，耐阴；喜温暖，耐寒；喜生长在浅水中。

【繁殖方式】分株繁殖。

【观赏特征】叶丛翠绿，生机盎然，端庄秀丽，其花、茎香味浓郁。菖蒲在我国传统文化中是一种象征吉祥如意的瑞草，与兰花、水仙、菊花并称为"花草四雅"。

【园林应用】常用于岸边或水体绿化；也可盆栽观赏；叶、花序还可以作插花材料。

泽泻
Alisma orientale (Sam.) Juzep.

泽泻科、泽泻属

【形态特征】多年生挺水植物。株高 80～100cm。地下具球茎，卵圆形。叶基生，广卵状椭圆线形至广卵形，全缘；叶两面光滑，草绿色，具明显的平行脉。花葶自叶丛抽出，直立；顶端轮生复总状花序；小苞片白色，带紫红晕或淡红色；花小，花冠白色。花期 6～8 月。

【地理分布】原产北温带和大洋洲。我国北部和西北部多有野生。

【主要习性】喜阳，稍耐阴；耐寒，也耐热；喜富含腐殖质的肥沃黏质壤土；喜水湿，不可长期离水。

【繁殖方式】播种或分株繁殖。

【观赏特征】株形美观，叶色亮绿，白色小花细致可爱，既可观叶，又可赏花，整体观赏效果甚佳。

【园林应用】常用于水景园浅水区及岸边配置；也可盆栽布置庭院。

金鱼藻

Ceratophyllum demersum L.

金鱼藻科、金鱼藻属

【形态特征】多年生沉水草本。茎细且软，有分枝。叶鲜绿色，通常为1回二叉状分枝，有时为2回二叉状分枝；裂片丝状线形或线形，先端具2个短刺尖，边缘散生刺状细齿。花小，单生叶腋，单性。花期6～9月。
【地理分布】广布于世界热带、温带静水中。
【主要习性】生命力较强，适温性较广，在水温低至4℃时也能生长良好。
【繁殖方式】营养体分割繁殖。
【观赏特征】植株翠绿色，茎叶柔软，漂荡在水中，异常优美动人。
【园林应用】可用于净化和美化水体；也可作观赏鱼类的缸内装饰水草。

旱伞草（水竹、伞草、风车草）

Cyperus alternifolius L.

莎草科、莎草属

【形态特征】多年生挺水植物。株高60～100cm。茎秆直立，丛生，不分枝，三棱形。叶退化为叶鞘，棕色，包裹在茎秆基部。总苞片叶状，条形，数枚伞状着生于茎顶。小花序穗状，扁平，多数聚成大型复伞形花序。花期6～7月。
【地理分布】原产于非洲马达加斯加。我国南北各地均有栽培。
【主要习性】喜阳光充足，极耐阴，可在遮荫处或室内种植；喜温暖，不耐寒；喜肥沃的黏质壤土；喜潮湿及通风良好，也耐干旱。
【繁殖方式】分株、扦插或播种繁殖。
【观赏特征】株丛秀丽，姿态潇洒飘逸，苞叶轮生枝端，犹如一轮轮转动的风车，十分富有趣味。
【园林应用】温暖地区可露地栽植于湖边、河岸等浅水区；也常盆栽观赏或切叶用于插花。

水生花卉

凤眼莲（水葫芦、水浮莲、凤眼兰）
Eichhornia crassipes (Mart.) Solms.   雨久花科、凤眼莲属

【形态特征】多年生漂浮植物。须根发达，悬于水中。叶呈莲座状基生，倒卵状圆形或卵圆形，全缘；鲜绿色而有光泽；叶柄中下部膨胀呈葫芦状海绵质气囊。花茎单生，花序短穗状；花小，蓝紫色，花被中央有鲜黄色眼点。花期7～9月。

【地理分布】原产南美洲。我国南北各地均有栽培，尤其在西南地区的池塘水面极为常见，逸为野生。

【主要习性】喜阳光充足；喜温暖，有一定的耐寒性；喜浅水、静水，在流速不大的水体中也能生长。

【繁殖方式】分株繁殖。

【观赏特征】叶柄中下部膨大如葫芦状，奇特别致，叶色光亮，花色艳丽美观，花瓣中心有一明显的鲜黄色斑点，形如凤眼，也像孔雀羽翎尾端的花点，非常耀眼、靓丽。

【园林应用】常用于水面绿化、美化，可净化水体；也可作切花。

芡实（鸡头莲、鸡头米）
Euryale ferox Salisb.   睡莲科、芡属

【形态特征】一年生浮水植物。全株具刺。叶丛生，浮于水面，圆状盾形或圆状心脏形；表面皱曲，叶脉隆起，两面具刺；叶柄圆柱状，中空多刺。花单生叶腋，挺出水面；花瓣紫色；花托多刺，状如鸡头。花期7～8月。

【地理分布】原产中国。前苏联、日本、印度和朝鲜也有分布。我国南北各地湖塘中多有野生。

【主要习性】喜阳光充足，生长期间需要全光照；喜温暖，不耐霜寒；于泥土肥沃之处生长最佳。

【繁殖方式】播种繁殖。

【观赏特征】叶片巨大，平铺于水面，极为壮观，也颇有野趣。花托多刺，状如鸡头，故有"鸡米头"之名。

【园林应用】常用于水面绿化。在中国式园林中，与荷花、睡莲、香蒲等配置水景，尤多野趣。

千屈菜（水柳、水枝柳、对叶莲）

Lythrum salicaria L.　　　　　　　　千屈菜科、千屈菜属

【形态特征】多年生挺水植物。株高 30～100cm。地下根茎粗硬，木质化。地上茎直立，多分枝，具木质化基部。单叶对生或轮生，披针形，全缘。穗状花序顶生；小花多数密集，紫红色。花期 7～9 月。

【地理分布】原产欧洲、亚洲温带地区。广布全球，我国南北各地均有野生。

【主要习性】喜光；耐寒性强；对土壤要求不严，但以表土深厚、含大量腐殖质的壤土为好；喜水湿，在浅水中生长最好。

【繁殖方式】分株繁殖为主，也可播种、扦插繁殖。

【观赏特征】株丛整齐清秀，花序长，小花繁而密，花色鲜艳醒目，群植或片植具有很强的渲染力。

【园林应用】常于水边丛植或水池栽植，以美化水岸或水面；亦可做花境的背景材料，是重要的竖线条植物材料。

雨久花（水白菜、蓝鸟花）

Monochoria korsakowii Regel et Maack　　　雨久花科、雨久花属

【形态特征】一年生挺水植物。株高 50～90cm。地下茎短，匍匐状；地上茎直立。基生叶具长柄，茎生叶柄短；叶广心形或卵状心形，全缘；质地肥厚，深绿色有光泽。花茎高出叶丛，圆锥花序；花小，蓝紫色。花期 7～9 月。

【地理分布】原产中国东部及北部。日本、朝鲜及东南亚均有分布。

【主要习性】喜阳光充足，也耐半阴；喜温暖，不耐寒；喜湿润。

【繁殖方式】播种或分株繁殖。

【观赏特征】叶色翠绿而富有光泽，花形美丽，像只只飞舞的蓝鸟，优雅别致。

【园林应用】在园林水景布置中常与其他水生植物配置；也可单独片植或带植；还可盆栽观赏。

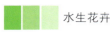 水生花卉

荷花（芙蕖、莲花、芙蓉）
Nelumbo nucifera Gaertn.

莲科、莲属

【形态特征】多年生挺水植物。根状茎圆柱形，横生水底泥中，通称"莲藕"。叶盾状圆形，全缘或稍呈波状，幼叶常自两侧向内卷；表面蓝绿色，被蜡质白粉，背面淡绿色；具粗壮叶柄，被短刺。花单生于花梗顶端，一般挺出立叶之上，大型，具清香；萼片绿色，花后掉落；花瓣多数，因品种而异；花色有红、粉红、白、乳白和黄等；雄蕊多数；雌蕊离生，埋藏于倒圆锥状海绵质花托内，花托表面具多数散生蜂窝状孔洞，受精后逐渐膨大称为莲蓬，每一孔洞内生一小坚果（莲子）。花期6～9月。

【地理分布】原产中国。广泛分布于亚洲和大洋洲。

【主要习性】喜光，不耐阴；喜温暖，耐寒性亦甚强；喜肥沃、富含有机质的黏土；喜湿怕干。

【繁殖方式】分株繁殖为主，也可播种繁殖。

【观赏特征】荷花是我国的传统名花，亭亭玉立，楚楚动人，珊珊可爱，花叶清秀，清香淡远，迎骄阳而不惧，出淤泥而不染，古人称之为"花中君子"。其花开盛夏，此时正炎热，若临岸观荷，田田绿叶如盖，亭亭红花映日，香远溢清，正可怡人消暑，趣味无穷。花、叶、根、茎、籽实具多种用途。

【园林应用】荷花为夏季水景园的重要花卉，可以装点水面景观，点缀亭榭；或盆栽观赏；也是插花的好材料；还可兼顾生产莲藕、莲子，获景观与经济双重效益。

睡莲（子午莲、水浮莲）
Nymphaea tetragona Georgi

睡莲科、睡莲属

【形态特征】多年生浮水植物。根状直立，不分枝。叶较小，近圆形或卵状椭圆形，具长细叶柄；表面浓绿色，背面暗紫色；浮于水面。花单生于细长的花柄顶端，型小，多为白色，花药金黄色；午后开放。花期7～8月。

【地理分布】原产我国。日本及西伯利亚等地也有分布。

【主要习性】喜阳光充足；喜温暖，较耐寒；要求腐殖质丰富的黏质土壤；喜水质清洁的静水环境。

【繁殖方式】分株繁殖为主，也可播种繁殖。

【观赏特征】叶片浮于水面，漂逸悠闲，花型小巧，花色丰富，非常美丽，是重要的浮水花卉。

【园林应用】常作为水面绿化的主要材料，点缀于平静的水面、湖面，以丰富水景；还可盆栽或缸植于庭院、建筑物前、阳台上观赏。

荇菜（莕菜、水荷叶）
Nymphoides peltatum (Gmel) O. Kuntze

龙胆科、荇菜属

【形态特征】多年生漂浮植物。茎细长柔软，多分枝，匍匐水中，节处生须根扎入泥中。叶互生，卵形或卵状圆形，全缘或微波状；表面绿色而有光泽，背面带紫色。伞形花序腋生；花冠裂片椭圆形，边缘具睫状毛，喉部有细毛；小花黄色。花期6～10月。

【地理分布】原产北半球寒温带。广泛分布于我国华东、西南、华北、东北、西北等地，日本及前苏联也有分布。

【主要习性】性强健。耐寒；对土壤要求不严，以肥沃稍带黏质的土壤为好。

【繁殖方式】分株繁殖。

【观赏特征】叶小翠绿，黄色小花覆盖于水面之上，绚丽灿烂，常大片种植，形成优美景观。

【园林应用】常用于水面绿化。

水生花卉

芦苇（芦、苇子）
Phragmites communis Trin.

禾本科、芦苇属

【形态特征】多年生草本植物。株高 1～3m。地下具粗壮匍匐的根状茎。秆高、直立，细长而木质化，中空，节下通常具白粉。叶散生，革质，叶片线形；叶鞘圆筒形。圆锥花序顶生，疏散，稍下垂，白绿色或褐色。花期 7～10 月。

【地理分布】广泛分布于全球。我国南北各地均有栽培。

【主要习性】喜光；耐热，抗寒力稍差；不择土壤；喜水湿，耐干旱。

【繁殖方式】分株繁殖为主，也可播种繁殖。

【观赏特征】植株高大，株形潇洒，叶形优美，临风摇曳，婀娜多姿，显示出一种生机勃勃、欣欣向荣的景象。

【园林应用】常用于水边、低洼湿地及沼泽地绿化；干花序可作切花材料。

大薸（芙蓉莲、水浮萍）
Pistia stratiotes L.

天南星科、大薸属

【形态特征】多年生漂浮植物。具横走茎，须根细长，主茎短缩。叶基生，呈莲座状着生；叶倒卵状楔形，基部有柔毛，两面被微毛。花序生于叶腋，具短柄；佛焰苞白色；肉穗花序，稍短于佛焰苞。花期 6～7 月。

【地理分布】原产中国。我国长江以南各地均有分布或栽培。

【主要习性】喜光；喜高温，不耐寒；适宜栽植水深应小于 1m。

【繁殖方式】分株繁殖。

【观赏特征】株形美丽，叶色翠绿，质感柔和，犹如朵朵绿色莲花漂浮水面，别具情趣。

【园林应用】常用来点缀水面；也可盆栽观赏。

梭鱼草（北美梭鱼草）
Pontederia cordata L.

雨久花科、梭鱼草属

【形态特征】多年生挺水植物。株高 50～80cm。叶基生，叶大而形态多变，多为倒卵状披针形；叶柄圆筒状，绿色；叶面光滑。穗状花序顶生；花小而密，蓝紫色带黄绿色斑点。花期 5～10 月。
【地理分布】原产北美。美洲热带和温带均有分布。我国部分城市有引种栽培。
【主要习性】喜光照充足，耐热，不耐寒；喜肥；喜湿。
【繁殖方式】分株繁殖或种子繁殖。
【观赏特征】植株挺拔秀丽，叶色青翠，花色迷人，花开时节，串串紫花在片片绿叶的映衬下，别有一番情趣。
【园林应用】常群植于河道两侧或池塘四周；或与千屈菜、花叶芦竹、水葱、再力花等相间种植；也可盆栽观赏。

慈姑（燕尾草）
Sagittaria sagittifolia L.

泽泻科、慈姑属

【形态特征】多年生挺水植物。株高 100cm。地下具根茎，其先端形成球茎。叶基生，出水叶戟形，基部具二片裂片，全缘；叶柄长，肥大而中空；沉水叶线形。圆锥花序，小花单性同株或杂性株，花白色。花期 7～9 月。
【地理分布】原产中国。广泛分布于欧洲、北美洲至亚洲，我国南北各地均有栽培。
【主要习性】适应性较强。喜阳光；喜温暖；对土壤要求不严，尤喜富含腐殖质而土层不太深厚的黏质壤土；喜生浅水中。
【繁殖方式】分球繁殖为主，也可播种繁殖。
【观赏特征】明代李时珍曾描述慈姑"一株岁产十二子，如慈菇之乳诸子，故名"。其植株美丽，叶形奇特，是美化、绿化水体的好材料。
【园林应用】常用于水面、岸边绿化栽植；也可盆栽观赏。

水生花卉

水葱（冲天草、翠管草）
Scirpus tabernaemontani Gmel.　　　　　　　莎草科、蔍草属

【形态特征】多年生挺水植物。株高 150～180cm。地下具匍匐状根茎，粗壮。地上茎直立，中空，粉绿色。叶生于茎基部，褐色，退化为鞘状。聚伞花序顶生，稍下垂；花小，淡黄褐色，下部具稍短苞叶。花期 6～8 月。

【地理分布】原产欧亚大陆。我国南北方都有分布。

【主要习性】喜光，也耐阴；喜温暖，也耐寒；宜富含腐殖质、疏松肥沃的土壤。

【繁殖方式】分株或播种繁殖。

【观赏特征】茎秆挺拔翠绿，色泽淡雅洁净，朴实自然，富有野趣。

【园林应用】常用于水面绿化及岸边、池旁点缀，是极好的竖线条花卉；盆栽观赏。

【常见品种】
花叶水葱（*Scirpus tabernaemontani* 'Zebrinus'）可用于切茎插花。

再力花（水竹芋、水莲蕉）
Thalia dealbata Fraser　　　　　　　竹芋科、塔利亚属

【形态特征】多年生挺水植物。株高 80～130cm。全株附有白粉。茎直立，不分枝。叶互生，卵状披针形，先端突尖，全缘；浅灰蓝色，边缘紫色。穗状圆锥花序，花茎细长；花小，蜡质；小花紫红色，苞片粉白色。花期 5～10 月。

【地理分布】原产于美国南部和墨西哥。

【主要习性】喜阳光充足；喜温暖，不耐寒；喜肥，在碱性土壤中生长良好；喜湿。

【繁殖方式】分株繁殖。

【观赏特征】株形美观洒脱，叶色翠绿，蓝色穗状花序高出叶面，亭亭玉立，格外显著，而穗状花序上的紫红色花朵十分鲜艳，颇具特色，异常优美。

【园林应用】常于池塘、湿地丛植、片植；几株点缀于山石、驳岸处；也可盆栽观赏。

菱（菱角）
Trapa bispinosa Roxb.

菱科、菱属

【形态特征】一年生浮叶水生植物。茎蔓细长完全沉于水中。叶分两类，聚生于短缩茎上，浮出水面的叫浮叶，倒三角形，相互镶嵌成一盘状，俗称菱盘，叶柄粗肥，中部膨大成气囊，使叶片能浮于水面；沉于水中的叶狭长为线状，无叶柄和叶片之分。花自叶腋中由下而上依次发生，花单生，白色。

【地理分布】原产中国。中国中南部，尤其是江苏、浙江两省的栽培面积较大。

【主要习性】喜阳光充足；喜温暖湿润，不耐霜冻。

【繁殖方式】播种繁殖。

【观赏特征】叶形奇特，长长的叶子漂浮于水面，非常美丽。

【园林应用】常用于水面绿化。

香蒲（水烛、长苞香蒲）
Typha angustata Bory et Chaub.

香蒲科、香蒲属

【形态特征】多年生挺水植物。地下具匍匐状根茎。地上茎直立，细长圆柱形，不分枝。叶由茎基部抽出，二列状着生；长带形，端圆钝，基部鞘状抱茎；灰绿色。穗状花序呈蜡烛状，浅褐色。花期5～7月。

【地理分布】原产欧、亚及北美洲。我国南北各地均有分布。

【主要习性】对环境条件要求不严格，适应性较强。喜阳光；耐寒；喜深厚肥沃的泥土；最宜生长在浅水湖塘或池沼内。

【繁殖方式】分株繁殖。

【观赏特征】叶丛细长如剑，色泽浓绿而有光泽，因其穗状花序呈蜡烛状，故又称"水烛"，是良好的观叶赏花植物。

【园林应用】常用于点缀园林水池、湖畔；也可盆栽布置庭院；其花序经干制后可作切花材料。

水生花卉

王莲（亚马逊王莲）
Victoria amazonica Sowerby.

睡莲科、王莲属

【形态特征】大型浮水植物，多年生常作一年生栽培。叶有多种形态，皆平展；成熟叶大，圆形，叶缘直立；叶柄粗，有刺。花单生，大型，花瓣多数；每朵花开2天，第一天白色，具白兰花之香气，第二天淡红色至深紫红色，第三天闭合，沉入水中。花期夏秋季节。

【地理分布】原产南美洲热带水域。世界各地均有引种栽培。

【主要习性】喜阳光充足；喜高温，不耐寒，要求早晚温差小；喜肥，尤以有机基肥为宜。

【繁殖方式】播种繁殖。

【观赏特征】叶形硕大奇特，漂浮水面，花大色艳，十分壮观，是水池中的珍宝，有极高的观赏价值。

【园林应用】常常用于公园、植物园等较大水面的美化布置，与荷花、睡莲等水生植物搭配布置，形成独特的水体景观。

攀援及蔓性花卉

攀援及蔓性花卉

美国凌霄
Campsis radicans (L.) Seem.

紫葳科、凌霄属

【形态特征】落叶攀援木质藤本。茎长可达10m。树皮灰褐色，细条状纵裂。小枝紫褐色。羽状复叶对生，小叶较多，背面叶脉上常有毛。聚伞花序圆锥状，顶生；花冠唇状漏斗形，橘黄或深红色；花萼棕红色，质厚。花期7～9月。
【地理分布】原产美国西部。我国各地常见栽培。
【主要习性】喜光，稍耐阴；喜温暖，耐寒性较强；喜排水良好的土壤；耐干旱，喜湿润，忌积水。
【繁殖方式】以扦插、压条繁殖为主，也可进行播种繁殖。
【观赏特征】枝叶繁茂，花色鲜艳，入夏之际，在当年生小枝上抽出一团团橘红色的花朵，次第开放，在纤蔓柔条的衬映下，显得格外优美壮观。
【园林应用】常用于绿化篱垣、棚架、花门、假山等。

扶芳藤
Euonymus fortunei (Turcz.) Hand. Mazz.

卫矛科、卫矛属

【形态特征】常绿攀援木质藤本。茎匍匐或以不定根攀援。小枝微四棱形。叶对生；具短柄，薄革质，椭圆形或椭圆状披针形，叶缘有锯齿；叶面浓绿，叶脉色浅。入秋后叶变红。聚伞花序；花小，白绿色。花期5～7月。
【地理分布】原产中国华北以南地区。黄河流域以南各地广泛分布。
【主要习性】喜光，也耐阴；喜温暖，耐寒性不强；不择土壤，较耐干旱瘠薄。
【繁殖方式】播种、扦插或压条繁殖。
【观赏特征】生长繁茂，叶色深绿有光泽，秋叶经霜后变红，异常美丽。
【园林应用】常用于绿化墙面、林缘、岩石、假山等；可作常绿地被栽植；也可作盆栽观赏。

洋常春藤（西洋常春藤）
Hedera helix L.

五加科、常春藤属

【形态特征】常绿攀援藤本。茎具气生根，幼枝具褐色星状毛。叶革质，深绿色；营养叶上的叶三角状卵形，全缘或浅裂；花枝上的叶卵形至棱形。伞形花序单生或聚生为总状花序；花小，有微香。花期9～11月。
【地理分布】原产欧洲。在我国广泛栽培。
【主要习性】喜半阴，忌强光直射；生性强健，较耐寒；要求肥沃、湿润及排水良好的土壤；耐旱力差。
【繁殖方式】扦插或分株繁殖，也可压条繁殖。
【观赏特征】四季常青，蔓枝叶密，姿态优美，叶形、叶色变化丰富，叶片亮丽有光泽，是优美的攀援植物。
【园林应用】常用于垂直绿化；有些品种宜作疏林下地被；亦作室内垂直绿化或小型盆吊观赏。

番薯
Ipomoea batatas (L.) Lam.

旋花科、甘薯属

【形态特征】多年生草本。蔓细长，茎匍匐地面生长，地下部分具块根。叶互生，宽卵形或心状卵形，全缘或分裂，先端尖，基部平截或心形。聚伞花序，腋生，花冠钟状或漏斗状，蓝白色。花期秋季。
【地理分布】原产于美洲中部。
【主要习性】喜光；喜欢温暖，耐高温高湿，不耐寒；对土壤要求不严，耐贫瘠。
【繁殖方式】扦插繁殖。
【观赏特征】茎叶颜色透亮，花多白色，在满眼皆绿的夏日尤其突出。
【园林应用】主要用作观叶地被；也可盆栽悬吊观赏。
【常见品种】

金叶薯（*Ipomoea batatas* 'Aurea'）茎叶金黄透亮，色彩十分夺目。聚伞花序，腋生，花冠钟状或漏斗状，蓝白色。

紫叶薯（*Ipomoea batatas* 'Purpurea'）茎呈紫红色，心形叶也呈紫色，为极好的常年异色叶观赏植物。

攀援及蔓性花卉

金银花（忍冬）
Lonicera japonica Thunb.

忍冬科、忍冬属

【形态特征】常绿或半常绿缠绕藤本。枝中空，幼枝暗红褐色。茎皮条状剥落。叶对生，卵形或卵状长圆形。双花单生叶腋，花冠先白色，后变黄色，略带紫；芳香。花期5~7月。

【地理分布】原产中国。广布于南北各地，朝鲜、日本也有栽培。

【主要习性】喜光，稍耐阴；耐寒；对土壤要求不严，以湿润、肥沃、深厚的沙壤土生长最好。

【繁殖方式】播种、扦插、压条或分株繁殖。

【观赏特征】藤蔓缭绕，翠叶成簇，临冬不凋，夏季花开不绝，清香宜人，初开始为纯白色，继而变黄，因此得名金银花。

【园林应用】常用于篱墙、栏杆、门架、花廊绿化；也可用于点缀假山、岩坡等。

盘叶忍冬
Lonicera tragophylla Hemsl.

忍冬科、忍冬属

【形态特征】落叶缠绕藤本。叶对生，矩圆形至椭圆形，表面光滑，背面至少脉上有毛；叶柄短。花在枝端轮生，每轮3~6朵花；花冠黄色至橙黄色，长筒状，上部外面略带红色；裂片唇形，上唇直立而略反转，具4裂片，下唇反转。花期6~7月。

【地理分布】原产四川、湖北、安徽、浙江等地。

【主要习性】耐阴、耐寒；对土壤要求不严，以湿润、肥沃、深厚的沙壤土生长最好。

【繁殖方式】播种、压条或扦插繁殖。

【观赏特征】植株繁茂，叶光亮嫩绿，花鲜黄而密集，果色深红，经久不落，煞是好看。

【园林应用】常用于垂直绿化；也可作庭园栽培观赏。

贯月忍冬
Lonicera sempervirens L.

忍冬科、忍冬属

【形态特征】常绿缠绕藤本。茎蔓长达6m。单叶对生；卵形至椭圆形，先端钝或圆，全缘或波状缘；枝上部的2～3对叶片常与枝合生，而花序下的1～2对叶片合生成圆盘状。常6花在枝顶端轮生，无梗，橘黄色；花冠漏斗状，5裂。花期5～8月。

【地理分布】原产北美东南部。我国北京、青岛、济南等地公园有栽培。

【主要习性】喜光；不耐寒；喜排水良好、湿润肥沃疏松土壤；忌水湿。

【繁殖方式】播种繁殖。

【观赏特征】枝条轻盈，藤蔓缭绕，晚春至秋季陆续开花，花色艳丽，富含香气，为色、香、姿兼备的藤本植物。

【园林应用】常用于棚架、花廊等垂直绿化；华东地区多盆栽观赏。

美国地锦（五叶地锦、五叶爬山虎）
Parthenocissus quinquefolia（L.）Planch.

葡萄科、爬山虎属

【形态特征】落叶攀援木质藤本。茎具卷须，卷须顶端有吸盘。掌状复叶，具5小叶；小叶长椭圆形至倒长卵形，先端尖，基部楔形；叶面暗绿色，叶背稍具白粉并有毛；秋叶变红。圆锥状聚伞花序，花小。花期7～8月。

【地理分布】原产中美洲。我国各地有栽培，在北部栽培较早较多。

【主要习性】喜光，也较耐阴；喜温暖气候，也有一定耐寒能力。

【繁殖方式】扦插、压条或播种繁殖。

【观赏特征】春夏碧绿可人，入秋后红叶色鲜红，色彩艳丽。

【园林应用】常用于墙面垂直绿化，也可用于棚架、岩石、假山、缓坡等处的绿化。

攀援及蔓性花卉

爬山虎（地锦）
Parthenocissus tricuspidata (Sieb. & Zucc.) Planch.　　葡萄科、爬山虎属

【形态特征】落叶攀援木质藤本。茎长、多分枝；具分枝卷须，卷须顶端有吸盘。单叶互生，掌状3裂，叶缘有粗锯齿；秋叶变红。花多数集成聚伞花序，花小。花期5～6月。
【地理分布】原产中国。世界各国及我国南北均有栽培。
【主要习性】喜阴，也耐阳光直射；耐寒，也耐高温；对土壤适应性强，在湿润、深厚、肥沃土壤上生长最佳；耐旱。
【繁殖方式】扦插、压条或播种繁殖。
【观赏特征】蔓茎纵横，叶密色翠，郁郁葱葱，入秋后叶色变为鲜红色，格外美观、绚丽。
【园林应用】适于配植宅院墙壁、围墙、庭园入口、桥头等处；也可用作地被植物。

盾叶天竺葵（蔓性天竺葵）
Pelargonium peltatum (L.) Ait.　　牻牛儿苗科、天竺葵属

【形态特征】多年生草本。植株成匍匐状生长，老茎木质化，多分枝。叶互生，圆形至肾形，叶片掌状浅裂，革质，有光泽。伞形花序，顶生，小花数朵至数十朵，花梗长，花瓣5。花期夏季。
【地理分布】原产非洲南部。现在我国各地均有栽培。
【主要习性】喜阳光，但也较耐阴；不耐寒；喜疏松、排水良好的土壤；不耐水湿。
【繁殖方式】播种或扦插繁殖。
【观赏特征】叶色青翠光亮，花色丰富，色彩绚丽。
【园林应用】常用作盆栽观赏；可作垂直绿化，植于墙垣等处，或容器栽植悬垂观赏；也是窗台、阳台极佳的美化植物。

山荞麦
Polygonum aubertii L. Henry

蓼科、蓼属

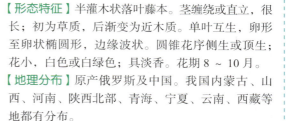

【形态特征】半灌木状落叶藤本。茎缠绕或直立，很长；初为草质，后渐变为近木质。单叶互生，卵形至卵状椭圆形，边缘波状。圆锥花序侧生或顶生；花小，白色或白绿色；具淡香。花期8～10月。

【地理分布】原产俄罗斯及中国。我国内蒙古、山西、河南、陕西北部、青海、宁夏、云南、西藏等地都有分布。

【主要习性】喜阳光充足、开阔的环境；喜温暖，耐严寒；喜偏干的土壤，耐瘠薄。

【繁殖方式】播种或扦插繁殖。

【观赏特征】枝叶繁茂，郁郁葱葱，花色洁白淡雅，清香四溢，花开繁茂，远望时一片雪白，极为壮观。

【园林应用】生长迅速，管理粗放，常用作垂直绿化及地面覆盖材料。

羽叶茑萝（茑萝、五角星花）
Quamoclit pennata (Lam.) Bojer

旋花科、茑萝属

【形态特征】一年生缠绕草本。蔓长达6～7m，茎细长光滑，向左旋缠绕。叶互生，羽状线形，裂片整齐。聚伞花序腋生，有花数朵；花冠深红色；花冠筒上部稍膨大，呈五角星形，筒部细长。花期7～9月。

【地理分布】原产美洲热带地区。我国各地均有栽培。

【主要习性】喜阳光充足，耐半阴；喜温暖，不耐寒，怕霜冻；喜肥沃疏松的土壤。直根性，不耐移植；可自播繁衍。

【繁殖方式】播种繁殖。

【观赏特征】茎叶纤细秀丽，绿叶满架时，翠羽层层，妖嫩轻盈，花姿小巧玲珑，开花时节，星星点点散布在绿叶丛中，活泼动人。

【园林应用】可用于小型花架、花窗、门廊、花篱、花墙及栅栏配植；也可配植于浅色墙体前，观赏效果更佳。

■■■ 攀援及蔓性花卉

旱金莲（金莲花、旱荷）
Tropaeolum majus L.

旱金莲科、旱金莲属

【形态特征】一年生或多年生蔓性草本。茎细长，半蔓性或倾卧。叶互生，近圆形，具长柄，盾状着生。花单生叶腋，梗细长，有红色、紫红色、黄色、橙黄色等。花期7～9月。
【地理分布】原产南美洲。我国南北园林均有栽培。
【主要习性】喜阳光充足，稍耐阴；喜温暖，不耐夏日高温，也不耐寒；要求排水良好而肥沃的土壤；喜湿润。
【繁殖方式】播种繁殖，也可扦插繁殖。
【观赏特征】因其叶形似碗莲，花多橘红色而得名。茎叶优美，花大色艳，形状奇特盛开时宛如群蝶飞舞，一片生机勃勃的景象。
【园林应用】常植于篱垣与山石之上悬垂观赏，或盆栽悬吊及绿化美化窗台等，也可作观花地被，景色美丽。

长春蔓（蔓长春花）
Vinca major L.

夹竹桃科、蔓长春花属

【形态特征】常绿蔓生亚灌木，匍匐丛生。茎细长蔓生，花枝直立。叶对生；心脏形或椭圆形，亮绿而有光泽，革质较厚。花较大，单生于叶腋；花冠漏斗状，蓝色。花期4～5月。
【地理分布】原产地中海沿岸、印度、美洲热带地区。我国许多城市有栽培。
【主要习性】喜阳光，也较耐阴；喜温暖湿润，稍耐寒；喜欢生长在深厚肥沃湿润的土境中。
【繁殖方式】以扦插繁殖为主，也可分株或压条繁殖。
【观赏特征】枝叶繁茂，翠绿光滑而富于光泽，小花蓝色，优雅宜人。
【园林应用】极好的地被植物材料，可在林缘或林下成片栽植；也适用于建筑基础绿化和垂直绿化。其花叶品种观赏价值高，最为常用。
【常见品种】
花叶长春蔓（*V. major* 'Variegata'）
叶稍小，边近白色，具淡黄白色斑点。

紫藤（藤萝树）
Wisteria sinensis（Sims）Sweet

豆科、紫藤属

【形态特征】落叶缠绕木质藤本。茎长达18~30m，左旋性。奇数羽状复叶互生，小叶7~13枚，卵状长椭圆形，全缘；幼叶两面有白色柔毛，成熟叶无毛。总状花序顶生，下垂；花大，堇紫色，具芳香；叶前开花。花期4~5月。
【地理分布】原产中国。我国各地广泛栽植。
【主要习性】喜光，稍耐阴；喜温暖，较耐寒；喜深厚、肥沃且排水良好的土壤；有一定耐干旱、耐瘠薄、耐水湿的能力。
【繁殖方式】播种、分株、压条、扦插或嫁接繁殖。
【观赏特征】枝繁叶茂，初夏时紫穗悬垂，花繁而香，盛暑时则浓叶满架，荚果累累。
【园林应用】常用于绿化棚架、门廊、枯树及山石等；也可作盆栽观赏。

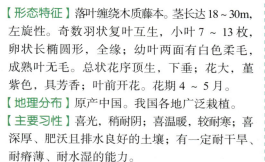

观赏草

花叶芦竹（斑叶芦竹、彩叶芦竹）

Arundo donax L. var. *versicolor* (P. Mill.) Stokes

禾本科、芦竹属

【形态特征】多年生草本。根部粗而多结。株高1~3m。茎直立，粗壮近木质化，有间节。叶互生，披针形，具白色条纹。圆锥花序顶生，花枝细长。花期8~10月。

【地理分布】原产地中海一带。我国广泛种植于华东、华南、西南等地区。

【主要习性】喜光；喜温，在北方需保护越冬；耐湿。

【繁殖方式】分株繁殖或扦插繁殖。

【观赏特征】植株挺拔似竹。叶色及条纹随季节变化：早春为黄白条纹；初夏增加绿色条纹；盛夏时，新叶全部为绿色。

【园林应用】良好的水景布置材料，可点缀于桥、亭、榭四周；也可盆栽用于布置庭院；花序及株茎可作插花材料。

拂子茅（山拂草、水茅草）

Calamagrostis epigejos (L.) Roth

禾本科、拂子茅属

【形态特征】多年生草本。具长根状茎。茎直立，高45~100cm。叶片条形，扁平或内卷，上面及边缘粗糙，下面较平滑。圆锥花序直立，狭而紧密，呈纺锤状；小穗狭披针形，淡绿色至淡紫色。花期6~9月。

【地理分布】原产欧亚大陆温带地区，如中国、俄罗斯、蒙古、朝鲜和日本等。主要分布于我国东北、华北、西北等地区。

【主要习性】喜光；耐寒；耐盐碱，为轻盐碱化土壤的重要植物；耐旱，也耐湿。生长迅速，是组成平原草甸和山地河谷草甸的建群种。

【繁殖方式】播种或分株繁殖。

【观赏特征】花序挺直紧凑，灰绿淡紫，秋季转黄。

【园林应用】盆栽观赏，或用作地被。

【常见品种】
'卡尔富'拂子茅（*C.×acutiflora*（Schrader）'Karl Foerster'）：为拂子茅和野青茅（*C.arundinacea*）的杂交种。

观赏草

画眉草（星星草、蚊子草）
Eragrostis pilosa (L.) Beauv.　　　　　　禾本科、画眉草属

【形态特征】多年生草本植物。秆丛生，基部节间常膝曲。高 30～40cm。叶片疏松抱茎，较粗糙。圆锥花序较为开展，基部分枝近于轮生，枝腋间具长柔毛；花初期淡绿，后转红褐；小穗成熟后暗绿色或带紫色。花期 6～10 月。
【地理分布】分布在热带和亚热带地区。北京地区常见。
【主要习性】适应性广。耐干旱；不择土壤，在沙土、贫瘠土壤和潮湿条件下都能生长。
【繁殖方式】播种或分株繁殖。
【观赏特征】花期长，开花时叶片几被全部遮挡，似一团紫红云雾浮于植株上方，甚为美观。
【园林应用】常用于花带、花境，尤宜在干旱和光照充足的坡地成片种植，可形成质朴的田园景观。

蓝羊茅
Festuca glauca Lam.　　　　　　禾本科、羊茅属

【形态特征】多年生草本。株高 15～30cm。茎直立平滑，丛生。叶片内卷成针状，蓝绿色或灰绿色，具银白色霜。圆锥花序常侧向一边。花期 5 月。
【地理分布】广泛分布于北温带地区。
【主要习性】喜光；耐寒，忌高温高湿，夏季休眠；不择土壤；耐旱，忌积水。
【繁殖方式】播种或分株繁殖。
【观赏特征】株丛紧凑，叶色独特。
【园林应用】常用于花坛、花境；也可用于岩石园，或作地被植物。

血草
Imperata cylindrica (Linnaeus) Beauvois 'Rubra'   禾本科、白茅属

【形态特征】多年生草本植物。地下具根茎。株高 30 ~ 50cm。新叶顶部红色，基部绿色，后渐转红。顶生圆锥花序，开花甚少。
【地理分布】原产日本、朝鲜和中国。
【主要习性】性强健。在全光和半阴条件下均能生；耐旱；耐瘠薄，喜湿润、肥沃土壤。
【繁殖方式】分株繁殖。
【观赏特征】叶片初生红绿两色，至秋红艳醒目，极具观赏性。
【园林应用】可用于花境、花坛，也可片植用作地被。是良好的彩色叶草种。

灯心草
Juncus effusus L.   灯心草科、灯心草属

【形态特征】多年生草本。茎丛生直立，圆筒形，实心。茎基部具棕色，退化呈鳞片状鞘叶。穗状花序，顶生，花下具2枚小苞片，花被裂片6枚。褐黄色蒴果，卵形或椭圆形。花期6 ~ 7月。
【地理分布】原产温带地区。我国各地均有分布。
【主要习性】适应性强。喜光，稍耐阴；耐寒；耐水湿。
【繁殖方式】分株繁殖。
【观赏特征】细茎绿润，圆细而长直，优美别致。
【园林应用】种植于湿地，营造滨水植物景观。

观赏草

蜜糖草
Melica transsilvanica Schur.   禾本科、臭草属

【形态特征】多年生草本植物。茎直立，株高 30～50cm。叶绿色，叶鞘闭合。圆锥花序顶生，紧密或开展。

【地理分布】原产北温带地区。我国西南部、东部至东北部有分布。

【主要习性】喜光，适应性强。

【繁殖方式】播种或分株繁殖。

【观赏特征】观叶植物，花序棕红色，也具有观赏价值。

【园林应用】良好的盆栽植物，群植效果亦佳，也是理想的切花和干花材料。

芒
Miscanthus sinensis Anderss.   禾本科、芒属

【形态特征】多年生草本。秆高 1～2m，密集丛生，直立向上或弯曲向外开散。叶片细长，具有鲜明的平行于叶脉的条纹。圆锥花序，初期淡粉色，后变为银白色。大部分种类花期 8～10 月。

【地理分布】原产地中国、朝鲜、日本。分布在山坡、丘陵低地等开阔地带。

【主要习性】性强健。喜光；耐寒；不择土壤；耐旱。

【繁殖方式】分株或扦插。

【观赏特征】彩叶植物，花序也有色彩变化，较更具观赏性。

【园林应用】常用于花境、花坛、岩石园；也可点缀庭院，孤植、丛植均宜；还可盆栽观赏。

【常见品种】

花叶芒（*Miscanthus sinensis* 'Variegatus'）：高 150～180cm。叶片上具有鲜明的平行于叶脉的白色条纹。花序淡红色。花期 9 月中旬。

斑叶芒（*Miscanthus sinensis* 'Zebrinus'）：高 75～150cm。叶片上有不规则的黄色斑纹。圆锥花序呈扇形，穗色初为红色，秋季转为银白色。花期 8～9 月。

狼尾草（大狗尾草、光明草）

Pennisetum alopecuroides (L.) Sprengel   禾本科、狼尾草属

【形态特征】多年生草本。株高 60～100cm。茎直立，丛生，叶片线形，扁平，具脊。穗状圆锥花序顶生，直立或呈弧形；小穗具有较长的紫色刚毛，成熟后通常呈黑紫色。颖果扁平长圆形。花期 7～11 月。

【地理分布】原产中国、日本及东亚其他地区。我国南北均有分布，其中以胶东半岛、辽东半岛分布较多。

【主要习性】喜阳光充足，也耐半阴；抗寒能力较强；对土壤适应性较强，耐贫瘠，耐轻微碱性；耐旱，也耐湿。生长快，萌发力强，耐移植。

【繁殖方式】播种或分株繁殖。

【观赏特征】花序形似狼尾，叶片色彩随季节变化：春季淡绿，夏季深绿，秋季金黄，可形成鲜明的四季景观。

【园林应用】常作点缀植物，或成片、成排种植形成优美的花坛、花境或边界屏障；还可用于公路护坡、河岸护堤和水土保持等植物配置材料。

紫御谷（观赏谷子）

Pennisetum glaucum (L.) Prodr. 'Purple Majesty'   禾本科、狗尾草属

【形态特征】一年生草本。株高 100～200cm。茎直立，单生或 2～3 个茎丛生。叶片宽条形，光滑，暗绿色并带紫色。圆锥花序紧密呈柱状，主轴粗壮硬直。小穗倒卵形，穗色紫红色。颖果倒卵形。花期 7～10 月。

【地理分布】原产非洲。我国华中、华北地区有栽培。

【主要习性】喜阳光充足，也耐半阴；耐寒，也耐高温；耐贫瘠土壤；耐旱。

【繁殖方式】播种繁殖。

【观赏特征】叶片、茎干和花穗皆为深紫色，是良好的观花、观叶植物。

【园林应用】适宜作点缀、镶边、组成花境，或片植于路边、水岸边、山石边或墙垣边形成色带；也可做插花或干花材料。

观赏草

玉带草（花叶䕃草）
Phalaris arundinacea L. var. *picta* L.

禾本科、䕃草属

【形态特征】多年生宿根草本植物。株高 40～80cm，具匍匐根状茎。叶片色泽碧绿，密布银白色条纹。圆锥花序呈穗状，穗黄色。花期 6～7 月。

【地理分布】原产我国华北和东北。

【主要习性】喜阳光充足，也耐半阴，耐寒，忌酷暑；不择土壤，但需排水良好；耐旱。

【繁殖方式】播种、分株或扦插繁殖。

【观赏特征】玉带草因其叶扁平、线形、绿色且具白边及条纹，质地柔软，形似玉带，故得名。其植株低矮，株丛紧密，条形叶片具银边，成片栽植呈白绿色调，极具观赏性。

【园林应用】可用于布置花坛、花境或成片栽植作地被，也可丛植或与山石相配；与其他植物组合栽植于各种种植钵效果也极好。

菲黄竹
Sasa auricoma E. G. Camus

禾本科、赤竹属

【形态特征】多年生低矮竹类。地下茎复轴型。嫩叶黄色，有绿色条纹；嫩叶老化后常变为绿色；叶柄短。笋短。笋期 4～5 月。

【地理分布】原产日本。我国已引入栽培。

【主要习性】耐阴；喜温暖；喜湿润；喜肥，喜排水良好的沙质壤土；喜湿润。

【繁殖方式】分株繁殖。

【观赏特征】株丛秀气，姿态幽雅，新叶纯黄色，非常醒目，老后叶片常变为绿色，是极好的观叶植物。

【园林应用】常用作林下地被；也可配植于山石等旁边。

菲白竹
Sasa fortunei (Van Houtte) Fiori

禾本科、赤竹属

【形态特征】多年生低矮竹类。地下茎为复轴型。每秆2至数分枝或下部为1分枝。小枝有叶片数枚，叶鞘淡绿色。叶狭披针形，绿色，上有不规则的较明显的白色纵条纹；边缘有纤毛，有明显的细横脉；叶柄短。笋期4～5月。

【地理分布】原产日本。我国已引入栽培。

【主要习性】浅根性植物。耐阴，夏季怕炎热及烈日暴晒；喜温暖湿润气候。要求疏松、肥沃、排水良好的沙壤土。

【繁殖方式】分株繁殖。

【观赏特征】叶面上有白色或淡黄色纵条纹，因而得名。株形美观，端庄秀丽，叶色独特，是良好的观叶植物。

【园林应用】秆茎低矮，常作绿篱栽植；嵌植于假山石旁作地被覆盖植物；也可植于盆景中作为陪衬。

大油芒
Spodiopogon sibiricus Trinius

禾本科、大油芒属

【形态特征】多年生草本。地下具根状茎。株高90～120cm。茎秆密集丛生。叶片条形，平展，亮绿色，秋天变为紫红色。圆锥花序，分枝近轮生长，夏天绿色，秋季亮紫色。

【地理分布】原产中国、日本、朝鲜及西伯利亚地区。我国东北、华北、华东、西北各地均有分布。

【主要习性】喜光，轻度荫蔽亦能生长良好；耐寒，北京地区可露地越冬；耐瘠薄；耐干旱。

【繁殖方式】播种繁殖。

【观赏特征】植株高大挺拔，株形圆整，十分引人注目，秋季花叶转紫，效果甚为突出。

【园林应用】适宜用于花境或丛植作为点缀；也可成片种植，做背景和屏障；还是良好的秋色叶草种。

观赏草

细茎针茅（墨西哥羽毛草）
Stipa tenuissima Trinius

禾本科、针茅属

【形态特征】多年生草本植物。叶片细长，弧形弯曲。圆锥花序开展，具毛状分枝，不脱落，具芒，花序初期银白色，后逐渐变为草黄色，可保持至冬季。花期6~9月。
【地理分布】原产墨西哥及阿根廷。
【主要习性】冷季型草。喜光，稍耐阴；喜干燥、排水良好的土壤，耐干旱。
【繁殖方式】播种繁殖为主，也可分株繁殖。
【观赏特征】叶片细长，轻柔飘逸，纤细柔美，花序银白色，柔软下垂，形态优美，微风吹拂，分外妖娆。
【园林应用】花境的优秀材料；也可成片种植，作为地被；亦可丛植群植于园林中作为点缀。

花灌木

花灌木

糯米条（茶条树）
Abelia chinensis R. Br.

忍冬科、六道木属

【形态特征】落叶灌木。株高 1.5～2m。枝条丛生，开展，有毛。单叶对生，卵形至椭圆状卵形，叶缘疏生浅锯齿；背面叶脉上密生白柔毛。圆锥状聚伞花序顶生或腋生；花冠漏斗状，白色或粉红色，具芳香；花萼 5 裂，粉红色。花期 7～9 月。
【地理分布】原产长江以南各地。
【主要习性】喜光，稍耐阴；喜温暖，有一定的耐寒性；对土壤要求不严，耐干旱瘠薄。
【繁殖方式】播种或扦插繁殖。
【观赏特征】枝条弯垂，姿态优美，花朵繁密，花色晶莹，香气浓郁，花期长，是美丽的夏秋观花灌木。
【园林应用】常丛植于草坪、池畔、墙隅或林缘等处；也可作花篱。

小檗（日本小檗）
Berberis thunbergii DC.

小檗科、小檗属

【形态特征】落叶灌木。株高约 1～2m。多分枝，枝暗红色，有条棱；常有变态针刺，刺通常不分叉。单叶互生或簇生，倒卵形或匙形，全缘；叶面黄绿色，背面灰白色。花单生或数朵簇生成近伞形花序；花小，花瓣浅黄色；花梗长。浆果，椭圆形，熟时鲜红色。花期 4～6 月。
【地理分布】原产日本。我国各地均有栽培。
【主要习性】喜阳，耐半阴；喜凉爽，耐寒；喜肥沃、排水良好的沙质壤土；喜湿润，耐干旱。萌蘖性强，耐修剪。
【繁殖方式】播种或扦插繁殖。
【观赏特征】枝叶细密，春观黄色小花，秋赏鲜红之果，花、叶、果均有较高的观赏价值。
【园林应用】常丛植于草坪、池畔、墙隅或树下等；也宜作观赏刺篱；果枝可作插花材料。
【常见品种】
紫叶小檗（*B. thunbergii* 'Atropurpurea'）在阳光充足的情况下，叶常年紫红色，为观叶佳品，尤多用于色块及彩叶篱。

白花醉鱼草（驳骨丹）

Buddleja asiatica Lour.

醉鱼草科、醉鱼草属

【形态特征】落叶灌木。株高 2～6m。小枝圆柱形，幼枝、花序和叶背密生灰色或淡黄色柔毛。叶对生，披针形或狭披针形，边缘或有细齿；表面绿色，无毛，背面白色或淡黄色，有绒毛。总状或圆锥花序顶生或腋生；花冠白色；芳香。花期 6～10 月。

【地理分布】原产亚洲南部。我国西南、中部、东南部及台湾均有分布。

【主要习性】喜阳光充足；较耐寒；对土质要求不严，但肥沃、排水良好处开花最为繁茂；抗干旱能力强。

【繁殖方式】扦插、播种或分株繁殖。

【观赏特征】枝条拱曲而细长，花序大且艳丽，散发宜人幽香，可招来许多蝴蝶，翩翩飞舞，十分美丽。

【园林应用】适宜栽植于坡地、桥头、墙根等地；或作中型绿篱；也可在空旷草地丛植。

小紫珠（白棠子树）

Callicarpa dichotoma (Lour.) K. Koch

马鞭草科、紫珠属

【形态特征】落叶灌木。株高 1～2m。小枝纤细，带紫红色，略具星状毛。叶对生，倒卵状长椭圆形；中部以上有粗锯齿；表面稍粗糙，背面无毛，密生细小黄色腺点。聚伞花序腋生；花淡紫色。核果球形，亮紫色。花期 6～7 月。

【地理分布】原产中国东部及中南部地区，朝鲜、日本也有分布。

【主要习性】喜光；较耐寒；喜湿润、肥沃的土壤。

【繁殖方式】播种或扦插繁殖。

【观赏特征】枝条柔细，果实成熟时紫色，虽小但密集，玲珑雅致，是美丽的观果灌木。

【园林应用】常用作庭园基础栽植和草坪边缘绿化；也可配植于假山、常绿树前；果枝可作切花材料。

花灌木

紫荆
Cercis chinensis Bunge

苏木科、紫荆属

【形态特征】落叶灌木或小乔木。株高 2～4m，枝条"之"字形弯曲。单叶互生，近圆形，顶端急尖，基部心形；全缘，叶脉掌状。花于老干上簇生或成总状花序，先叶开放；花假蝶形，5～9 朵簇生，紫红色。花期 4～5 月。

【地理分布】原产于中国。

【主要习性】喜光；较耐寒；喜湿润肥沃土壤；耐干旱瘠薄，忌水湿。

【繁殖方式】播种、扦插或分株繁殖。

【观赏特征】春日繁花簇生枝间，密密层层，满树嫣红，鲜艳夺目，形如一群翩飞的蝴蝶。

【园林应用】适于庭院、草坪、宅旁、路边孤植或群植；亦可列植作花径。

贴梗海棠（铁脚海棠、皱皮木瓜）
Chaenomeles speciosa (Sweet) Nakai

蔷薇科、木瓜属

【形态特征】落叶灌木。株高达 2m。枝开展，有刺。叶卵形至椭圆形，先端尖，基部楔形；缘有尖锐锯齿，表面有光泽；托叶大，肾形，缘有尖锐重锯齿。花 3～5 朵簇生；有朱红、粉红或白等色，先叶开放；萼筒钟状，萼片直立；花梗粗短或近于无梗。果卵形至球形，黄色或黄绿色。花期 3～4 月。

【地理分布】原产我国东部、中部至西南部。缅甸也有分布。

【主要习性】喜光，也稍耐阴；喜温暖，也耐寒；对土壤要求不严，但以深厚、肥沃、排水良好的壤土为宜；忌湿，耐旱。

【繁殖方式】分株、扦插和压条繁殖为主。

【观赏特征】因花梗甚短，开花时花朵似贴附在老枝上面得名。早春花开时，繁花似锦，鲜艳美丽，秋季金黄色的果实悬挂枝头，形态奇特，芳香宜人。

【园林应用】常孤植、丛植于庭园角隅、树丛周边、道路两旁；作绿篱及基础种植；尤宜与老梅、劲松、苍石相配；同时还是盆栽和切花的好材料；老桩可用于制作盆景。

蜡梅

Chimonanthus praecox (L.) Link

蜡梅科、蜡梅属

【形态特征】落叶丛生大灌木。株高 4m。小枝近方形，老枝圆柱形。单叶对生，卵状椭圆形至卵状披针形，全缘；叶革质，表面粗糙，具刚毛。花单朵腋生；花被蜡质，淡黄色，内部有紫色斑纹，具清香；早春叶前开花。花期 12 月～次年 2 月，华北地区花期 2 月中下旬～3 月中下旬。

【地理分布】原产中国中部。黄河流域至长江流域各地普遍栽培。

【主要习性】喜光，稍耐阴；有一定的耐寒性；喜深厚、肥沃而排水良好的土壤，忌黏土和盐碱土；喜潮湿，忌水淹。

【繁殖方式】分株或嫁接繁殖。

【观赏特征】范成大的《梅谱》记载："蜡梅，本非梅类，以其与梅同时，香又相近，色酷似蜜脾，故名蜡梅"。隆冬时节，群芳纷谢，独蜡梅傲霜挺立，凌寒开放，端庄高雅，清香四溢。

【园林应用】蜡梅是中国的传统名花，常采用自然式、对称式或丛生式的方法植于厅堂、楼前及入口两侧；或与松、竹、玉兰等配置；也可作盆景及插花。

【常见品种】

素心蜡梅（*C. praecox* 'Concolor'）
花较大，花被片纯黄色，内部不染紫色斑纹，香味稍淡。

小花蜡梅（*C. praecox* 'Parviflorus'）
花特小，外轮花被片淡黄色，内轮花被片具紫色斑纹。

狗牙蜡梅（*C. praecox* var. *intermedius* Mak.）
花小，香淡，花瓣狭长而尖，红心。

磬口蜡梅（*C. praecox* 'Grandiflorus'）
花较大，花被片近圆形，深鲜黄色，红心；花期早而长；叶也较大。

花灌木

红瑞木（红梗木）
Cornus alba L.

山茱萸科、梾木属

【形态特征】落叶灌木。株高达 3m。枝干丛生，老枝暗红，小枝鲜红色。单叶对生，椭圆形，全缘；有较明显的叶脉，叶背粉绿色。圆锥状聚伞花序顶生；花小，乳白色。核果，斜卵圆形，微扁，乳白或蓝白色。花期 6～7 月。
【地理分布】原产中国华北、东北及西北地区。朝鲜、俄罗斯及欧洲也有分布。
【主要习性】喜光，耐半阴，耐寒；喜肥沃、湿润的土壤，也耐瘠薄；耐旱。
【繁殖方式】播种、扦插、分株或压条繁殖均可。
【观赏特征】枝、干终年红艳，秋叶也为红色，冬季落叶后，枝干呈鲜红色，非常醒目，特别是下雪之后，与洁白的雪花交相辉映，极为美丽。
【园林应用】常丛植于草坪、林缘、湖畔及建筑物前等不同地方；也可作自然式植篱。

平枝栒子（铺地蜈蚣、小叶栒子）
Cotoneaster horizontalis Decne.

蔷薇科、栒子属

【形态特征】落叶或半常绿匍匐灌木。株高不及 50cm。枝水平开张成整齐二列状。叶近圆形至倒卵形，先端急尖，基部楔形，全缘；叶表暗绿色，无毛，叶背疏生平贴细毛。花单生或 1～2 朵并生，花小，近无梗；花瓣直立，倒卵形，粉红色。果近球形，熟时鲜红色。花期 5～6 月。果期 9～10 月。
【地理分布】原产中国。陕西、甘肃、湖北、湖南、四川、贵州、云南等地均有分布。
【主要习性】适应性强。喜光，也稍耐阴，耐寒；耐干旱瘠薄，忌涝。
【繁殖方式】扦插及播种繁殖为主，也可压条繁殖。
【观赏特征】因枝条贴伏地面，宛如蜈蚣，故又称"铺地蜈蚣"。枝条横展，晚秋叶色红艳，入秋红果累累，极为美观，是枝、叶、花、果均具观赏性的优秀园林植物。
【园林应用】最宜作基础种植及布置岩石园，常栽植于斜坡、路边、假山旁观赏；也是优良的地被植物。

多花栒子（水栒子）
Cotoneaster multiflorus Bunge

蔷薇科、栒子属

【形态特征】落叶灌木。株高4m。枝条细长，拱形弯曲。单叶互生，卵形至宽卵形，全缘；幼时背面有柔毛，后渐脱落。疏散聚伞花序，着花5～20朵；花瓣平展，白色；花萼无毛。梨果小，浆果状，近球形或倒卵形，红色。花期5～6月。果期8～9月。

【地理分布】原产中国华北、东北、西北及西南地区。俄罗斯、亚洲中部及西部也有分布。

【主要习性】喜光，耐阴，耐寒；对土壤要求不严，极耐干旱瘠薄。

【繁殖方式】播种、扦插或压条繁殖。

【观赏特征】初夏满树白花，秋季红果累累，经久不凋，是优良的春花秋实观赏灌木。果熟时能招来鸟类，为园林增添生气。

【园林应用】常栽植于角隅、路边及岩石园等；也可作水土保持树种。

大花溲疏
Deutzia grandiflora Bunge

绣球花科、溲疏属

【形态特征】落叶灌木。株高2～3m。小枝中空，疏被星状毛。单叶对生，卵形至卵状椭圆形，叶缘有细锯齿；叶面灰白色且粗糙，叶背疏被星状毛。花1～3朵生于侧枝顶端，呈聚伞状；花较大，白色，叶前开花。花期4～5月。

【地理分布】原产河北、河南、陕西、甘肃、山西、内蒙古、辽宁等地。朝鲜也有分布。

【主要习性】喜阳，稍耐阴；喜温暖，较耐寒；喜富含腐殖质的酸性和中性土；喜湿润，也耐旱。

【繁殖方式】扦插、播种、压条或分株繁殖。

【观赏特征】春天叶前开花，花大而洁白，花期长。

【园林应用】常丛植、群植于草坪、林缘、山坡、建筑旁，也可于庭园栽植观赏。

花灌木

小花溲疏
Deutzia parviflora Bunge

虎耳草科、溲疏属

【形态特征】落叶灌木。株高 2m。小枝褐色，疏被星状毛，树皮片状剥落。单叶对生，叶卵形至窄卵形，叶缘具细齿；两面疏被星状毛，背面灰绿色。伞房花序顶生，多花；花小、白色。花期 6 月。

【地理分布】原产中国华北及东北地区。朝鲜、俄罗斯也有分布。

【主要习性】喜光，也耐阴；耐寒性强；耐土壤瘠薄；耐干旱。

【繁殖方式】播种或分株繁殖。

【观赏特征】开花繁茂，花朵雪白明亮。

【园林应用】常丛植、群植于各类绿地中或林缘、草坪中。

白鹃梅（茧子花、金瓜果）
Exochorda racemosa (Lindl.) Rehd.

蔷薇科、白鹃梅属

【形态特征】落叶灌木。株高可达 5m。枝条细，开展，小枝微有棱。叶椭圆形或倒卵状椭圆形，全缘或上部有疏齿，先端钝或具短尖，两面无毛；叶柄短。花 6～10 朵成总状花序；花萼浅钟状；花瓣倒卵形，基部有短爪，白色。花期 4～5 月。

【地理分布】原产江苏、浙江、江西、湖南、湖北等地。

【主要习性】性强健。喜光，耐半阴；耐寒性强，北京地区可露地越冬；耐瘠薄，但以肥沃深厚土壤为宜；耐干旱。

【繁殖方式】播种及扦插繁殖。

【观赏特征】枝叶秀丽，早春开花洁白雅致，果形奇特，是美丽的观赏树种。

【园林应用】宜植于庭园观赏；亦于草地边缘、林缘、路边丛植。

连翘（黄绶带、黄花杆）
Forsythia suspensa (Thunb.) Vahl

木犀科、连翘属

【形态特征】落叶灌木。株高 2～3m。枝干丛生，直立或下垂，枝条开展；小枝土黄色或黄褐色；皮孔多且显著；髓中空。单叶，有时 3 出复叶，对生；叶片卵形、宽卵形或椭圆状卵形；无毛，端锐尖，基部渐宽；叶缘有粗锯齿。花单生或簇生；花冠 4 裂，亮黄色；叶前开花。花期 3～4 月。

【地理分布】原产中国北部、中部及东北各地。目前各地广泛栽培。

【主要习性】喜光，有一定的耐阴性；喜温暖、耐寒；对土壤要求不严；耐干旱瘠薄，怕涝。

【繁殖方式】扦插繁殖，也可压条、分株或播种繁殖。

【观赏特征】枝条开展而下垂，早春叶前开花，金黄的花朵缀满纤细柔韧的枝条，展示出一幅生机勃勃、春意盎然的景象。

【园林应用】常以常绿树作背景；丛植于草坪、角隅、路缘、转角处；于阶前、篱下等作基础栽植；也可作花篱。

八仙花（阴绣球、绣球花）
Hydrangea macrophylla (Thunb.) Ser.

绣球花科、八仙花属

【形态特征】落叶灌木。株高 0.6～3m。小枝较粗壮，无毛，皮孔明显，树皮片状剥落。单叶对生，倒卵形至椭圆形，边缘具粗锯齿；叶大而有光泽，无毛或仅背面有毛。伞房花序顶生，近球形；花序中几乎全部为不育花；萼片扩大，卵圆形，全缘；有粉红、浅蓝或白等色。花期 6～7 月。

【地理分布】原产中国长江流域至华南各地。日本、朝鲜也有分布。

【主要习性】耐阴，忌强光直射；喜温暖、不耐寒；喜富含腐殖质而排水良好的轻壤土；喜湿润。性强健，萌芽力强。

【繁殖方式】分株、扦插或压条繁殖。

【观赏特征】叶色青翠，花朵硕大，初开为青白色，渐转粉红色，再转紫红色，十分美艳多姿。

【园林应用】常用于荫地、疏林下、建筑背面等较隐蔽处栽植；或用于花坛、花境；也可盆栽观赏。

花灌木

迎春
Jasminum nudiflorum L.　　　　　　　　　　木犀科、茉莉花属

【形态特征】落叶灌木。高 40～50cm。枝细长拱型，四棱形，绿色。叶对生，小叶 3，卵形至长椭圆形，表面光滑，全缘。花单生，花冠裂片 5～6。花期 2～4 月，先叶开放。

【地理分布】原产于我国北部、西南各地。现全国各地均有栽培

【主要习性】喜光，稍耐阴；要求温暖而湿润的气候，略耐寒；宜疏松肥沃和排水良好的沙质土；怕涝。

【繁殖方式】扦插、压条或分株繁殖。

【观赏特征】碧叶黄花，枝条长而柔弱，下垂或攀扭。

【园林应用】常于路边、堤岸、台地和台阶边缘栽植，也可盆栽观赏。

棣棠
Kerria japonica (L.) DC.　　　　　　　　　蔷薇科、棣棠属

【形态特征】落叶丛生灌木。株高 1～2m。小枝绿色，光滑。叶互生，卵形或三角状卵形，缘有尖锐重锯齿；背面略有短柔毛。花单生于侧枝顶端；花瓣 5 枚，金黄色。瘦果黑褐色，萼片宿存。花期 4～5 月。

【地理分布】原产中国和日本。我国长江流域及秦岭山区有野生。

【主要习性】喜光；喜温暖，不耐寒；宜排水良好的沙质土壤。

【繁殖方式】分株繁殖为主，也可扦插或播种繁殖。

【观赏特征】枝、叶、花皆美，其枝翠绿，其叶秀美，金花朵朵，独具风姿。

【园林应用】宜丛植于草坪、林缘、坡地或墙隅；尤其适于水畔沿岸栽植，花影照水，非常宜人；也可作花篱、花径。

【常见品种】

重瓣棣棠（*K. japonica* var. *pleniflora* Witte）花金黄色，重瓣，不结果。

猬实

Kolkwitzia amabilis Graebn.　　　　　　　　忍冬科、猬实属

【形态特征】落叶灌木。株高达3m。枝干丛生，小枝疏生柔毛，干皮薄片状剥落。单叶对生，卵状椭圆形或卵形，近全缘；两面有稀柔毛。伞房花序顶生；花冠钟状，5裂，具短柔毛；有粉红、桃红、玫红等色，喉部黄色；花萼和花托密生刺刚毛。瘦果状核果，卵形，2个合生，密生针刺，形似刺猬，故名猬实。花期5~6月。果期8~9月。

【地理分布】中国中部及西部特产，是猬实属的唯一种。分布于我国湖北、陕西、山西、河南、甘肃、安徽等省。各地多有栽培。

【主要习性】喜光，耐半阴；有一定的耐寒能力，北京能露地越冬；喜肥沃、排水良好的土壤，有一定的耐干旱瘠薄能力。

【繁殖方式】播种、扦插、分株繁殖。

【观赏特征】树形优美，开花繁密，花色艳丽，果实密被毛刺，形如刺猬，甚为别致，"猬实"也因此得名。

【园林应用】常用作花篱或丛植于草坪、角隅、山石旁、园路交叉处；也可盆栽观赏或做切花材料。

花灌木

紫薇（痒痒树、百日红、满堂红）
Lagerstroemia indica L.

千屈菜科、紫薇属

【形态特征】落叶灌木或乔木。株高达7m。树干通常不直，树皮有不规则片状脱落。枝条光滑，小枝幼时4棱。叶对生，椭圆形或倒卵状椭圆形；叶柄短。圆锥花序顶生；花萼光滑；花瓣鲜红色，圆形，有皱，基部具长爪。花期7~9月。

【地理分布】原产中国。在我国分布很广，各地均有栽培。

【主要习性】喜光；喜温暖，也能耐低温；对土壤要求不严；喜湿，也耐干旱。

【繁殖方式】播种或扦插繁殖。

【观赏特征】树姿优美，树干光滑洁净，花朵繁茂，花色艳丽，花期甚长，自夏至秋，能开百日之久，因而有"百日红"之名。

【园林应用】常孤植或丛植于建筑物旁、草坪上、庭院内及路沿；小型种可作盆景。

【常见品种】

银薇（*L. indica* var. *alba* Nichols）
花白色或微带淡堇色，叶色翠绿。

翠薇（*L. indica* var. *rubra* Lav.）
花紫堇色，叶色暗绿。

牡丹（木芍药、百两金、洛阳花、富贵花）
Paeonia suffruticosa Andr.　　　　　　　　　　芍药科、芍药属

【形态特征】落叶灌木。株高约 1～2m。茎多分枝。叶互生，2回3出羽状复叶；小叶宽卵形至长卵形，顶生小叶3裂，侧生小叶2浅裂。花大，单生于当年生枝顶；花萼5，花单瓣至重瓣，花瓣倒卵形，顶端常2浅裂；花色有红、黄、白、粉、紫、绿等。花期4～5月。

【地理分布】原产我国西部和北部。秦岭、嵩山等地有野生。

【主要习性】喜光，稍遮荫生长最好；喜凉爽，较耐寒，忌炎热；喜深厚、肥沃、排水良好的壤土或沙壤土；忌积水。

【繁殖方式】分株、嫁接、播种和扦插繁殖。

【观赏特征】牡丹为我国十大名花之一，其种类丰富、花姿优美、花大色艳、雍容华贵、富丽堂皇、色香俱佳，被誉为"国色天香"、"花中之王"。

【园林应用】在园林中常建立牡丹专类园；植于花台、花池中观赏；也可孤植或丛植于林缘、古建筑旁或配植于庭院；还可室内盆栽观赏或做切花材料。

山梅花
Philadelphus incanus Koehne　　　　　　　　绣球花科、山梅花属

【形态特征】落叶灌木。株高3～5m。幼枝及叶有柔毛。单叶对生，卵形或椭圆形，叶缘具细尖齿；表面疏生短毛，背面密生柔毛，脉上毛尤多。花7～11朵聚成总状花序；花白色，近无香味；花萼被平伏毛。蒴果4裂。花期6～7月。果期8～9月。

【地理分布】原产中国中部。沿秦岭及其邻近省份均有分布。

【主要习性】适应性较强，生长快。喜光；较耐寒；不择土壤；耐干旱，怕水湿。

【繁殖方式】分株或扦插繁殖。

【观赏特征】枝叶繁密，初夏开花，洁白清香，花期较长。

【园林应用】常栽植于庭院；也可做插花材料。

花灌木

太平花（京山梅花）
Philadelphus pekinensis Rupr.

绣球花科、山梅花属

【形态特征】落叶灌木。株高达3m。枝干丛生，幼枝紫褐色，无毛，老枝树皮易剥落。单叶对生，卵形至椭圆状卵形，叶缘疏生小锯齿；光滑无毛，有时背面脉腋被簇生毛；叶柄带浅紫色。花5~9朵组成总状花序；乳白色，带微香；花萼黄绿色。花期5~6月。
【地理分布】原产中国北部及西部地区。目前北方各地园林常有栽培。
【主要习性】喜光，耐半阴；较耐寒；喜肥沃、排水良好的沙质壤土；耐干旱，怕水湿。萌蘖力强，耐修剪。
【繁殖方式】播种、扦插、分株或压条繁殖。
【观赏特征】花朵繁茂，洁白美丽，盛花时，清香四溢。
【园林应用】常丛植、片植于草坪、林缘、园路转角、建筑周围等；也可作花篱或花坛中心植物。

梅花（春梅、干枝梅）
Prunus mume Sieb. et Zucc.

蔷薇科、李属

【形态特征】落叶小乔木。株高可达10m。树干褐紫色，有纵驳纹，常具枝刺；小枝呈绿色，无毛。叶广卵形至卵形，先端尾尖，边缘有细锯齿；叶柄有腺体。花多每节1~2朵，无梗或具短梗；有粉红、白或红等色；具芳香；叶前开放。花期1~3月。
【地理分布】原产我国华中至西南山区。中国北京以南各地均有栽培，但以长江流域以南为多。
【主要习性】喜光；喜温暖，稍耐寒；对土壤要求不严，较耐瘠薄土壤；喜湿润，但忌积水，要求排水良好。忌栽植在风口处。
【繁殖方式】以嫁接和扦插繁殖为主，也可压条或播种繁殖。
【观赏特征】梅花是我国特有的传统名花，其神、韵、姿、香、色具佳，早春开放，花色丰富，花形端雅、花期甚长，深受人们的喜爱。
【园林应用】适宜孤植或丛植于草坪、路旁、低山丘陵或庭院中；可与松竹配置，使之相映成趣，构成"岁寒三友"凌风独茂的风景；也常布置为专类园；梅花也适于盆栽，或做切花材料。
【常见品种】品种甚多。据其种源主要有真梅系、杏梅系及樱李梅系等。

桃
Prunus persica (L.) Batsch

蔷薇科、李属

【形态特征】落叶小乔木。株高可达 8m。树冠开展。小枝红褐色或褐绿色。单叶互生，披针型或长椭圆形，叶缘有锯齿。花单生，几无柄，通常粉红色，单瓣。核果卵球形，表面有短柔毛。花期 3～4 月，叶前开放。

【地理分布】原产于我国中部、北部地区。现全国各地广为栽培。

【主要习性】喜光；喜夏季高温，有一定的耐寒力；要求肥沃、排水良好的土壤；耐旱，但不耐水湿。根系浅，忌大风。

【繁殖方式】以嫁接繁殖为主，也可播种繁殖。

【观赏特征】桃花灿漫芳菲，妖艳媚人，诗云："桃之夭夭，灼灼其华"。观赏品种繁多，花色丰富，花形多样，在早春时节开放，深受人们的喜爱。

【园林应用】适宜在水畔、山坡、路缘、墙际或草坪中栽植桃花；我国园林中习于将桃柳间植于水滨，形成桃红柳绿的春日胜景；桃花也适合庭院点缀和盆栽观赏，还常用于做切花和制作盆景。

【变种、变型和品种】桃树栽培历史悠久，长达 3000 年以上，我国有桃的品种约 1000 个。根据用途可分为食用桃和观赏桃两大类。观赏桃大多为变形，常用的变形种有：

碧桃（*P. persica* Batsch. f. *duplex* Rehd.）
花淡红色，重瓣，偶单瓣。

白碧桃（*P. persica* Batsch. f. *albo-plena* Schneid.）
花白色，重瓣。

红碧桃（*P. persica* Batsch. f. *rubro-plena* Schneid.）
花红色，重瓣。

紫叶桃（*P. persica* f. *atropurpurea* Schneid.）
叶常年保持紫红色；花单瓣或重瓣，淡红色。是很好的观叶植物。

垂枝桃（*P. persica* f. *pendula* Dipp.）
枝下垂；花多重瓣，花色红、白淡红等色。

花灌木

榆叶梅
Prunus triloba Lindl.

蔷薇科、李属

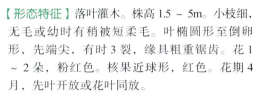

【形态特征】落叶灌木。株高 1.5～5m。小枝细，无毛或幼时有稍被短柔毛。叶椭圆形至倒卵形，先端尖，有时 3 裂，缘具粗重锯齿。花 1～2 朵，粉红色。核果近球形，红色。花期 4 月，先叶开放或花叶同放。

【地理分布】原产中国北部。黑龙江、河北、山西、山东、江苏、浙江等地均有分布。

【主要习性】嫁接或播种繁殖。

【繁殖方式】喜光，不耐阴，耐寒；对土壤要求不严，对轻碱土也能适应；耐旱，忌水涝。

【观赏特征】有重瓣、垂枝、紫叶等栽培变种。枝叶繁茂，花团锦簇，色彩艳丽，且开放在少花的早春季节，观赏价值高。

【园林应用】宜栽植于路旁、草坪中、坡地或水畔；点缀庭院一隅；常与连翘、金钟花等搭配，红、黄花朵竞相争艳，呈现出早春欣欣向荣的景象。

月季（月月红、长春花、斗雪红、瘦客）
Rosa cvs. 蔷薇科、蔷薇属

【形态特征】直立或攀援灌木。茎为棕色，具皮刺，也有几乎无刺的。叶互生，奇数羽状复叶；小叶3～5，稀7，边缘有锯齿；托叶狭窄，贴生于叶柄上。花单生或多朵排成伞房花序，顶生；花瓣5或重瓣；花色甚多，色泽各异。花期5～11月。

【地理分布】为高度杂交种。现在世界各国广泛栽培、分布，而西欧、北欧、北美及日本、澳大利亚尤多。

【主要习性】喜阳光充足；喜温暖；宜肥沃、排水良好的土壤；耐旱。

【繁殖方式】多采用扦插或嫁接繁殖，亦可分株、压条繁殖。

【观赏特征】月季是我国的传统名花，其花容秀美，千姿百色，芳香馥郁，花开四季，被誉为"花中皇后"。

【园林应用】月季在园林中应用广泛，最常布置成专类花园，用于布置花坛、花境或作基础栽植；可用作花篱、观花地被、草地的镶边或盆栽观赏；月季也是世界重要的切花材料。

【常见品种】
杂种香水月季（Hybrid Tea Rose HT）
灌木类。此类月季花朵大，重瓣性强，花蕾秀美，花色丰富，香味馥郁，四季开花不绝。品种极多且层出不穷。常见的有'和平'（'Peace'）、'自由神'（'Freedom'）等。杂种香水月季是目前栽培最广、品种最多的一类。

丰花月季（Floribunda Rose Fl.）
灌木类。特点是花为中小型，花序聚簇成团，四季开花，耐寒耐热，群体效果极佳。常用品种如'无忧女'（'Carefree Beauty'）、'冰山'（'Iceberg'）等。

壮花月季（Grandiflora Rose Gr.）
灌木类。特点为生长势旺盛，高度多在1m以上，一茎多花，四季开放。常用品种如'雪峰'（'Mount Shasta'）、'杏醉'（'Mentezuma'）等。

杂种长春月季（Hybrid Perpetual Rose HP）
特点是植株高大，枝条粗壮。花大型，复瓣至重瓣，花色丰富，香味浓烈。主要品种如'德国白'（'Frau Karl Druschki'）等。

微型月季（Miniature Rose Min.）
为极矮型灌木，高约20cm。花小，花径1～3cm常为重瓣，枝繁花密，秀雅玲珑。常用作花带、花坛等。代表品种有'红婴'（'Baby Crimson'）等。

藤本月季（Climber & Rambler Cl.）
为藤本或蔓性花卉。花色丰富，花朵较大，有两季或四季开花品种。如自仲夏至秋季开花的'美人鱼'（'Mermaid'）、四季开花的'粉和平'（'Peace Climbing'）等。适用于篱垣棚架的美化，是月季园中垂直绿化的主要材料。

花灌木

玫瑰
Rosa rugosa Thunb.

蔷薇科、蔷薇属

【形态特征】落叶直立灌木。枝密生细刺、刚毛及绒毛。奇数羽状复叶；小叶 5～9 片，椭圆形，有钝锯齿，表面多皱纹；托叶大部和叶柄合生。花单生或数朵聚生；紫红色，有芳香。蔷薇果扁球形，熟时红色。花期 5～6 月。
【地理分布】原产中国、日本及朝鲜。我国辽宁、山东等地有分布。现国内外广泛种植。
【主要习性】喜光，不耐阴；耐寒；宜肥沃而排水良好的中性或微酸性土壤；耐旱，不耐积水。萌蘖性强。
【繁殖方式】以分株、扦插繁殖为主。
【观赏特征】叶光亮而美，花娇艳芬馥，色媚而香，旖旎可爱。
【园林应用】宜作花篱、花境、花坛；也可丛植于草坪、坡地。

黄刺玫
Rosa xanthina Lindl.

蔷薇科、蔷薇属

【形态特征】落叶丛生灌木。株高 1～3m。小枝褐色，有硬直皮刺。奇数羽状复叶互生；小叶 7～13，广卵形至近圆形，缘有钝锯齿。花单生，黄色；单瓣或重瓣。果近球形，红褐色。花期 4～5 月。
【地理分布】分布于东北、华北至西北。朝鲜也有栽培。
【主要习性】性强健。喜光；耐寒；耐瘠薄；耐旱。
【繁殖方式】分株、压条或扦插繁殖。
【观赏特征】春天开金黄色的花朵，繁花满枝，芳香馥郁，且花期较长。
【园林应用】适宜孤植或丛植于草坪、路缘或建筑角隅；也可作绿篱。

华北珍珠梅（珍珠梅）

Sorbaria kirilowii (Regel) Maxim.

蔷薇科、珍珠梅属

【形态特征】落叶丛生灌木。株高 2～3m。奇数羽状复叶互生，小叶 13～21 枚；光滑无毛，小叶片对生；长圆状披针形，边缘有尖锐重锯齿。顶生大型圆锥花序；花小而密集，白色。花期 6～7 月。

【地理分布】原产华北及西北地区。华北各地均有栽培。

【主要习性】喜光，耐阴；耐寒；对土壤的要求不严。

【繁殖方式】以分株和扦插繁殖为主，也可播种繁殖。

【观赏特征】花蕾圆润如粒粒洁白的珍珠，花开似梅花，因此得名珍珠梅。其树姿秀丽，叶片幽雅，花序大而茂盛，花期长且正值夏季少花季节。

【园林应用】常丛植于路旁、草坪边缘、建筑周围或庭院；可单行栽植成自然式绿篱；其花序也是极好的切花材料。

'金山'绣线菊

Spiraea × *bumalda* 'Gold Mound'

蔷薇科、绣线菊属

【形态特征】矮生落叶小灌木。株高达 40～60cm。枝条呈折线状，不通直，柔软，老枝褐色，新枝黄色。叶互生，卵状，叶缘有桃形锯齿；新叶金黄色，夏季渐变为黄绿色。花蕾及花均为粉红色；复伞形花序。花期 5～10 月。

【地理分布】原产美国。北京植物园首先引种栽培，现已广泛应用。

【主要习性】喜光，不耐阴；耐寒性较强；宜深厚、肥沃、排水良好的土壤；耐干旱，忌水涝。耐修剪。

【繁殖方式】扦插或分株繁殖。

【观赏特征】株丛秀丽，花期甚长，叶色美丽，季相变化丰富，夏季金黄，秋季火红，群植效果特别好。

【园林应用】优良的色叶地被植物，可与其他植物配置成模纹；作为花境、花坛材料；还可列植于园路两侧或孤植于草坪边缘，效果亦佳。

花灌木

'金焰'绣线菊
Spiraea × *bumalda* 'Gold Flame'   蔷薇科、绣线菊属

【形态特征】落叶小灌木。株高 40 ~ 60cm。单叶互生，卵形至卵状椭圆形；新梢顶端幼叶红色，下部叶片黄绿色，夏季全为绿色，秋天叶变为铜红色。伞房花序，小花密集；花粉红色。花期 6 ~ 9 月。

【地理分布】原产美国。北京植物园 1990 年 4 月从美国明尼苏达州的贝蕾苗圃引种，经引种驯化，能很好地适应北京地区气候条件。

【主要习性】喜光；喜温暖；在肥沃土壤中生长旺盛；栽培地势应排水良好；喜湿润。

【繁殖方式】扦插或分株繁殖。

【观赏特征】叶色季相变化丰富，新叶红色，似朵朵红花开放，颇具感染力；花期长，花量多，是花叶俱佳的新优小灌木。

【园林应用】适宜作花坛、花境材料或群植作色块；也可孤植、丛植于草坪、路旁、池畔等处观赏；还可作绿篱。

喷雪花（珍珠花、珍珠绣线菊）
Spiraea thunbergii Sieb.   蔷薇科、绣线菊属

【形态特征】落叶灌木。株高可达 1.5 m。枝纤细而密生，呈拱状弯曲。单叶互生，线状披针形；叶柄短或近无柄，先端渐尖，边缘有钝锯齿；两面光滑无毛。伞形花序无总梗，具花 3 ~ 7 朵；花小而密集，白色。花期 3 ~ 4 月，花叶同放。

【地理分布】原产中国及日本。我国主要分布于浙江、江西、云南等地。

【主要习性】喜光；喜温暖；宜湿润而排水良好的土壤；耐一定的水湿环境，但不宜长时间积水。

【繁殖方式】以扦插繁殖为主，也可播种或分株繁殖。

【观赏特征】珍珠花花小而密集，开花前花蕾形似晶莹剔透的珍珠，因而得名。其树姿婀娜，叶形似柳，花开时宛若积雪，异常美丽。

【园林应用】适宜丛植于草坪角隅、林缘、路边、建筑物前或作基础种植；也可与其他植物搭配植于水畔或作花篱。

三桠绣线菊（三裂绣线菊）

Spiraea trilobata L.

蔷薇科、绣线菊属

【形态特征】落叶灌木。株高 1~2m。小枝细，开展。叶片近圆形，基部圆或近心形，先端钝，常3裂，边缘自中部以上有少数圆钝锯齿；两面无毛，背面灰绿色；具明显 3~5 出脉。伞形花序具总梗，无毛；花瓣5，广倒卵形，先端常微凹；花白色。花期 5~6 月。

【地理分布】我国山东、山西、河北等省有分布。朝鲜及俄罗斯也有栽培。

【主要习性】稍耐阴；耐寒；对土壤要求不严，耐瘠薄；耐旱。

【繁殖方式】播种、分株或扦插繁殖。

【观赏特征】枝叶繁密，叶形独特，花开时洁白如雪。

【园林应用】宜作岩石园植物材料；亦可丛植于草坪角隅、山坡或路沿。

紫丁香

Syringa oblata L.

木犀科、丁香属

【形态特征】落叶灌木或小乔木。株高 4~5m。小枝粗壮，无毛。单叶对生，广卵形，宽常大于长；先端渐尖，基部近心形或截形；全缘，无毛。圆锥花序生于枝顶侧芽，较长，疏松；花冠4裂，开展，堇紫色；花筒细长；花萼钟状。蒴果，长圆形；种子有翅。花期 4~5 月。果期 9 月。

【地理分布】原产中国黑龙江、吉林、辽宁、内蒙古、河北、山东、陕西、甘肃、四川等地。朝鲜也有分布。

【主要习性】喜光，稍耐阴；耐寒性较强；喜湿润肥沃、排水良好的土壤；耐干旱，忌低湿。

【繁殖方式】播种、扦插、嫁接、压条或分株繁殖均可。

【观赏特征】枝叶繁茂，春季盛开时硕大而艳丽的花序布满全株，花色淡雅，芳香四溢。

【园林应用】常丛植于建筑前；或散植于草坪中、园路旁等；也可与其他种类丁香配植成专类园。

【常见的变种】

白丁香（*S. oblata* var. *abla* Rehd.）

花白色；叶较小；背面微有柔毛，花枝上的叶常无毛。

花灌木

欧洲琼花（欧洲荚蒾）
Viburnum opulus L.　　　　　　　　　忍冬科、荚蒾属

【形态特征】落叶灌木。株高约4m。枝条浅灰色，树皮薄而光滑。单叶对生，近卵圆形；3裂，时有5裂，裂片具不整齐的粗锯齿；背面有毛，叶柄近端处有盘状大腺体。聚伞花序，较扁平；边缘为大型不育花；花药黄色。花期5～6月。果实红色鲜亮。
【地理分布】原产欧洲、北非及亚洲北部。我国有引种栽培。
【主要习性】喜光；耐寒；喜湿润、肥沃的土壤。
【繁殖方式】扦插或播种繁殖。
【观赏特征】夏季盛花时，繁花满树，边缘的不孕花似一只只美丽飞舞的白蝴蝶，高雅别致，秋叶红艳、美丽，鲜红色的果实晶莹剔透，久挂不落，惹人喜爱。
【园林应用】宜在建筑物四周、草坪边缘配置；也可在路缘、假山旁孤植、丛植。
【常见品种】
欧洲雪球（*V. opulus* 'Roseum'）花序中全为不育花，绣球形，主要以观花为主。

天目琼花（鸡树条荚蒾）
Viburnum sargentii Koehne　　　　　　忍冬科、荚蒾属

【形态特征】落叶灌木。株高3～4m。树皮暗灰色，略带木栓质。单叶对生，卵圆形至宽卵形，常3裂，裂片常具不整齐锯齿；掌状3出脉，正面无毛，背面具黄白色长柔毛及暗褐色腺体；叶柄端两侧有2～4个盘状大腺体。聚伞花序顶生；边缘具大而白的不育花，两性花位于中央；花冠辐射状，花药紫红色。花期5～6月。果红色鲜亮。
【地理分布】原产亚洲东北部。我国东北、华北至长江流域均有分布。
【主要习性】喜光，耐半阴；耐寒性强；对土壤要求不严，微酸性及中性土均能生长；喜湿润。
【繁殖方式】播种繁殖。
【观赏特征】树态清秀，叶形美丽，夏季花开如雪，秋季果实鲜红，累累于枝头，状如玛瑙。
【园林应用】常孤植或丛植于草坪、林缘；亦植于建筑物四周、岩石边等。

海仙花（朝鲜锦带花）

Weigela coraeensis Thunb.　　　　　　　忍冬科、锦带花属

【形态特征】落叶灌木。株高可达 5m。小枝较粗，无毛或近无毛。单叶对生，倒卵形或阔椭圆形，叶缘有粗锯齿；表面深绿，背面淡绿，叶脉上稍被平伏毛。花数朵成聚伞花序，腋生；花冠漏斗状，初时白色、黄白色或淡玫红色，后变为深红色；花萼线形，裂至基部。花期 5～6 月。
【地理分布】原产我国华东一带。朝鲜、日本也有分布。
【主要习性】喜光，稍耐阴；有一定的耐寒性，比锦带花耐寒力稍差；喜湿润、肥沃的土壤。
【繁殖方式】扦插、分株及压条繁殖均可。
【观赏特征】枝叶繁茂，花朵初开为白色，渐变为粉红色、玫红色，同一枝条上呈现不同的色彩，五彩缤纷，惹人喜爱。
【园林应用】适于庭院、湖畔丛植；也可在林缘作花篱、花丛配植；点缀于假山、坡地，景观效果也颇佳。

锦带花（五色海棠）

Weigela florida (Bunge.) A. DC.　　　　忍冬科、锦带花属

【形态特征】落叶灌木。株高达 3m。枝条开展，小枝细弱，幼时具 2 行柔毛。单叶对生，椭圆形至卵状椭圆形，缘有锯齿；表面叶脉上有毛，背面毛尤密。花 1～4 朵成聚伞花序，生于侧生短枝上部叶腋或枝顶；花冠漏斗状，端 5 裂，玫红色；花萼 5 裂，披针形，下部连合。花期 4～5（6）月。
【地理分布】原产中国华北、东北及华东北部。朝鲜、日本、俄罗斯远东地区也有分布。
【主要习性】喜光，耐半阴；耐寒；对土壤要求不严，能耐瘠薄土壤；耐干旱，忌水涝。
【繁殖方式】扦插、分株或压条繁殖。
【观赏特征】枝条柔长，花朵繁密，花团锦簇，一枝拱出，宛若多彩的宝石镶嵌的锦带，美丽异常。
【园林应用】常群植于庭院角隅、湖畔；也可作花篱、花丛等。
【常见品种】
'红王子'锦带（*W. florida* 'Red Prince'）花鲜红色，繁密而下垂。

 花灌木

凤尾兰
Yucca gloriosa L.

百合科、丝兰属

【形态特征】常绿灌木。茎高约 2m，单生，不分枝。叶丛生，剑形，螺旋状排列茎端；叶面浓绿色，被少量白粉；叶缘光滑，无白丝，老时具少数丝。花茎直立，高出叶丛；圆锥花序窄；花下垂，白色，花被边缘或先端带紫晕。花期夏秋，6 月与 9～10 月间两次开花。
【地理分布】原产北美。我国各地庭园有栽培。
【主要习性】喜光；较耐寒；喜排水良好的沙质壤土；耐干燥。
【繁殖方式】扦插或分株繁殖。
【观赏特征】叶坚硬似剑，花茎直立挺拔，花序大，着花繁茂，具香气，是花叶兼美的小灌木。
【园林应用】常配植于花坛中央、入口两旁、草坪、路旁等地；也常于庭院栽培观赏。

中文名索引

A
矮牵牛 35

B
八宝 88
八仙花 147
白车轴草 92
白花醉鱼草 141
白晶菊 19
白鹃梅 146
白屈菜 51
白头翁 106
百合类 102
百日草 43
半支莲 36
蓖麻 36
波斯菊 21

C
彩叶草 20
菖蒲 110
长春花 16
长春蔓 128
长叶婆婆纳 93
常夏石竹 57
雏菊 13
垂盆草 89
春黄菊 47
慈姑 117
葱兰 107
粗糙赛菊芋 63
翠菊 15

D
大百合 96
大滨菊 52
大花葱 95
大花飞燕草 55
大花金鸡菊 53
大花美人蕉 95
大花溲疏 145
大火草 47
大金鸡菊 53
大丽花 98
大藻 116
大叶铁线莲 52
大油芒 137
德国鸢尾 67
灯心草 133
地肤 29
地榆 86
棣棠 148
钓钟柳 79
东方罂粟 77
堆心菊 62
盾叶天竺葵 126
多变小冠花 54
多花栒子 145
多叶羽扇豆 72

E
二月蓝 34

F
番红花 97
番薯 123
非洲凤仙 29
菲白竹 137
菲黄竹 136
费菜 87
风信子 100
凤尾兰 162

凤尾蓍 45
凤仙花 28
凤眼莲 112
佛甲草 87
扶芳藤 122
芙蓉葵 64
拂子茅 131

G
甘野菊 55
观赏辣椒 16
贯月忍冬 125
桂圆菊 38
桂竹香 18
过路黄 73

H
海仙花 161
旱金莲 128
旱伞草 111
荷包牡丹 57
荷花 114
荷兰菊 49
黑心菊 84
黑种草 32
红花酢浆草 76
红花钓钟柳 79
红瑞木 144
红䕡菜 14
忽地笑 103
蝴蝶花 68
花贝母 98
花菖蒲 67
花环菊 19
花菱草 24
花毛茛 106

花烟草 32
花叶芦竹 131
华北珍珠梅 157
画眉草 132
黄菖蒲 69
黄刺玫 156
火炬花 70
藿香蓟 10

J
鸡冠花 17
荚果蕨 74
角堇 41
金光菊 85
金银花 124
金鱼草 13
金鱼藻 111
金盏菊 15
'金山'绣线菊 157
'金焰'绣线菊 158
锦带花 161
荆芥 75
韭兰 108
桔梗 81
菊花 56
菊芋 62
卷丹 103

K
孔雀草 39
宽叶海石竹 48

L
喇叭水仙 105
蜡梅 143

163

蓝刺头 59
蓝花鼠尾草 38
蓝羊茅 132
狼尾草 135
连钱草 61
连翘 147
铃兰 97
菱 119
硫华菊 22
柳穿鱼 71
芦苇 116
鹿葱 104
轮叶金鸡菊 54
落新妇 50

M
马蔺 68
马蹄金 58
麦秆菊 27
芒 134
毛地黄 23
毛茛 83
毛蕊花 40
玫瑰 156
梅花 152
美国薄荷 74
美国地锦 125
美国凌霄 122
美国紫菀 49
美兰菊 31
美丽月见草 33
美女樱 41
蜜糖草 134
牡丹 151

N
糯米条 140

O
欧洲琼花 160

P
爬山虎 126
盘叶忍冬 124
喷雪花 158
平枝栒子 144
匍枝毛茛 83
匍枝委陵菜 82
葡萄风信子 105
蒲公英 91

Q
千屈菜 113
千日红 25
千叶蓍 46
芡实 112
秋水仙 96
屈曲花 27

S
三色堇 42
三色苋 12
三桠绣线菊 159
山梅花 151
山荞麦 127
山桃草 60
芍药 77
蛇鞭菊 101
蛇莓 58
蛇目菊 21
射干 50
蓍草 45
石碱花 86
石蒜 104
石竹 23
矢车菊 18
蜀葵 46
水葱 118
睡莲 115
四季秋海棠 51
宿根福禄考 80
宿根天人菊 60
宿根亚麻 71

随意草 80
梭鱼草 117

T
太平花 152
唐菖蒲 99
桃 153
天目琼花 160
天人菊 25
天竺葵 78
贴梗海棠 142
土麦冬 72

W
万寿菊 39
王莲 120
委陵菜 82
猬实 149
五色苋 11

X
细茎针茅 138
细叶美女樱 92
夏堇 40
香彩雀 12
香蒲 119
香雪球 30
向日葵 26
小百日草 42
小檗 140
小花溲疏 146
小紫珠 141
新几内亚凤仙 28
荇菜 115
须苞石竹 22
萱草 63
旋覆花 66
血草 133
勋章菊 61

Y
沿阶草 75

燕子花 69
洋常春藤 123
一串红 37
一枝黄花 90
银边翠 24
银叶菊 89
迎春 148
榆叶梅 154
虞美人 35
羽叶茑萝 127
羽衣甘蓝 14
雨久花 113
玉带草 136
玉簪 65
玉竹 81
郁金香 107
鸢尾 70
月季 155
月见草 33

Z
杂种耧斗菜 48
再力花 118
泽泻 110
朱唇 37
朱顶红 100
诸葛菜 34
紫丁香 159
紫萼 66
紫花地丁 93
紫荆 142
紫露草 91
紫罗兰 30
紫茉莉 31
紫松果菊 59
紫藤 129
紫薇 150
紫叶酢浆草 76
紫御谷 135
醉蝶花 20

拉丁名索引

A

Abelia chinensis R. Br. 140
Achillea alpina L. 45
Achillea filipendulina Lam. 45
Achillea millefolium L. 46
Acorus calamus L. 110
Ageratum conyzoides L. 10
Alisma orientale (Sam.) Juzep. 110
Allium giganteum Regel 95
Alternanthera bettzickiana (Regel) Nichols. 11
Althaea rosea Cav. 46
Amaranthus tricolor L. 12
Anemone tomentosa (Maxim.) Pei 47
Angelonia salicariifolia Humb. 12
Anthemis tinctoria L. 47
Antirrhinum majus L. 13
Aquilegia hybrida Hort. 48
Armeria pseudarmeria (Murray) Mansf. 48
Arundo donax L. var. *versicolor* (P. Mill.) Stokes 131
Aster novae-angliae L. 49
Aster novi-belgii L. 49
Astilbe chinensis Franch et Sav. 50

B

Begonia semperflorens Link et Otto 51
Belamcanda chinensis (L.) DC. 50
Bellis perennis L. 13
Berberis thunbergii DC. 140
Beta vulgaris var. *cicla* L. 14
Brassica oleracea var. *acephala* L. f. *tricolor* Hort. 14
Buddleja asiatica Lour. 141

C

Calamagrostis epigejos (L.) Roth 131
Calendula officinalis L. 15
Callicarpa dichotoma (Lour.) K. Koch 141
Callistephus chinensis (L.) Nees. 15
Campsis radicans (L.) Seem. 122
Canna generalis Bailey 95
Capsicum frutescens L. 16
Cardiocrinum giganteum (Wall.) Makino 96
Catharanthus roseus (L.) G. Don 16
Celosia cristata L. 17
Centaurea cyanus L. 18
Ceratophyllum demersum L. 111
Cercis chinensis Bunge 142
Chaenomeles speciosa (Sweet) Nakai 142
Cheiranthus cheiri L. 18
Chelidonium majus L. 51
Chimonanthus praecox (L.) Link 143
Chrysanthemum carinatum Schousb. 19
Chrysanthemum maximum Ram. 52
Chrysanthemum paludosum Poiret 19
Clematis heracleifolia DC. 52
Cleome spinosa Jacq. 20
Colchicum autumnale L. 96
Coleus blumei Benth. 20
Convallaria majalis L. 97
Coreopsis grandiflora Hogg. 53
Coreopsis lanceolata L. 53
Coreopsis tinctoria Nutt. 21
Coreopsis verticillata L. 54
Cornus alba L. 144
Coronilla varia L. 54
Cosmos bipinnatus Cav. 21

Cosmos sulphureus Cav. 22
Cotoneaster horizontalis Decne. 144
Cotoneaster multiflorus Bunge 145
Crocus sativus L. 97
Cyperus alternifolius L. 111

D

Dahlia pinnata Cav. 98
Delphinium grandiflorum L. 55
Dendranthema lavendulifolium var. *seticuspe* (Maxim.) Shih 55
Dendranthema morifolium (Ramat.) Tzvel. 56
Deutzia grandiflora Bunge 145
Deutzia parviflora Bunge 146
Dianthus barbatus L. 22
Dianthus chinensis L. 23
Dianthus plumarius L. 57
Dicentra spectabilis (L.) Lem. 57
Dichondra repens Forst. 58
Digitalis purpurea L. 23
Duchesnea indica (Andr.) Focke 58

E

Echinacea purpurea (L.) Moench. 59
Echinops latifolius Tausch. 59
Eichhornia crassipes (Mart.) Solms. 112
Eragrostis pilosa (L.) Beauv. 132
Eschscholtzia californica Cham. 24
Euonymus fortunei (Turcz.) Hand.–Mazz. 122
Euphorbia marginata Pursh. 24
Euryale ferox Salisb. 112
Exochorda racemosa (Lindl.) Rehd. 146

F

Festuca glauca Lam. 132
Forsythia suspensa (Thunb.) Vahl 147
Fritillaria imperialis L. 98

G

Gaillardia aristata Pursh 60
Gaillardia pulchella Foug. 25
Gaura lindheimeri Engelm. et Gray 60
Gazania rigens (L.) Gaertn. 61
Gladiolus hybridus Hort. 99
Glechoma longituba (Nakai) Kupr. 61
Gomphrena globosa L. 25

H

Hedera helix L. 123
Helenium autumnale L. 62
Helianthus annuus L. 26
Helianthus tuberosus L. 62
Helichrysum bracteatum (Vent.) Andr. 27
Heliopsis helianthoides (L.) Sweet var. *scabra* (Dunal) Fernald 63
Hemerocallis fulva L. 63
Hibiscus moscheutos L. 64
Hippeastrum rutilum Herb. 100
Hosta plantaginea (Lam.) Aschers. 65
Hosta ventricosa (Salisb.) Stearn 66
Hyacinthus orientalis L. 100
Hydrangea macrophylla (Thunb.) Ser. 148

I

Iberis amara L. 27
Impatiens balsamina L. 28
Impatiens hawkeri W. Bull 28
Impatiens walleriana Hook. f. 29
Imperata cylindrica (Linnaeus) Beauvois 'Rubra' 133
Inula japonica Thunb. 66
Ipomoea batatas (L.) Lam. 123
Iris ensata Thunb. 67
Iris germanica L. 67
Iris japonica Thunb. 68
Iris lactea Pall. var. *chinensis* (Fisch.) Koidz. 68
Iris laevigata Fisch. 69
Iris pseudacorus L. 69
Iris tectorum Maxim. 70

J

Jasminum nudiflorum L. 148
Juncus effusus L. 133

拉丁名索引

K
Kerria japonica (L.) DC. 148
Kniphofia uvaria Hook. 70
Kochia scoparia (L.) Schrad. 29
Kolkwitzia amabilis Graebn. 149

L
Lagerstroemia indica L. 150
Liatris spicata Willd. 101
Lilium lancifolium Thunb. 103
Lilium spp. 102
Linaria vulgaris Mill. 71
Linum perenne L. 71
Liriope spicata (Thunb.) Lour. 72
Lobularia maritima (L.) Desv. 30
Lonicera japonica Thunb. 124
Lonicera sempervirens L. 125
Lonicera tragophylla Hemsl. 124
Lupinus polyphyllus Lindl. 72
Lycoris aurea Herb. 103
Lycoris radiata (L'Her.) Herb. 104
Lycoris squamigera Maxim. 104
Lysimachia nummularia L. 73
Lythrum salicaria L. 113

M
Matteuccia struthiopteris (L.) Todaro 74
Matthiola incana (L.) R. Br. 30
Melampodium paludosum Kunth 31
Melica transsilvanica Schur. 134
Mirabilis jalapa L. 31
Miscanthus sinensis Anderss. 134
Monarda didyma L. 74
Monochoria korsakowii Regel et Maack 113
Muscari botryoides Mill. 105

N
Narcissus pseudo-narcissus L. 105
Nelumbo nucifera Gaertn. 114
Nepeta cataria L. 75
Nicotiana sanderae Sander. 32
Nigella damascena L. 32

Nymphaea tetragona Georgi 115
Nymphoides peltata (Gmel) O. Kuntze 115

O
Oenothera biennis L. 33
Oenothera speciosa Nutt. 33
Ophiopogon japonicus (L. f.) Ker-Gawl. 75
Orychophragmus violaceus (L.) O.E. Schulz. 34
Oxalis corymbosa DC. 76
Oxalis triangularis A. St.-Hil. 76

P
Paeonia lactiflora Pall. 77
Paeonia suffruticosa Andr. 151
Papaver orientale L. 77
Papaver rhoeas L. 35
Parthenocissus quinquefolia (L.) Planch. 125
Parthenocissus tricuspidata (Sieb. & Zucc.) Planch. 126
Pelargonium hortorum Bailey 78
Pelargonium peltatum (L.) Ait. 126
Pennisetum alopecuroides (L.) Sprengel 135
Pennisetum glaucum (L.) Prodr. 'Purple Majesty' 135
Penstemon barbatus Nutt. 79
Penstemon campanulatus Willd. 79
Petunia hybrida Vilm. 35
Phalaris arundinacea L. var. *picta* L. 136
Philadelphus incanus Koehne 151
Philadelphus pekinensis Rupr. 152
Phlox paniculata L. 80
Phragmites communis Trin. 116
Physostegia virginiana Benth. 80
Pistia stratiotes L. 116
Platycodon grandiflorus (Jacq.) A. DC. 81
Polygonatum odoratum (Mill.) Druce. 81
Polygonum aubertii L. Henry 127
Pontederia cordata L. 117
Portulaca grandiflora Hook. 36
Potentilla chinensis Ser. 82
Potentilla flagellaris Willd. ex Schlecht. 82
Prunus mume Sieb. et Zucc. 152

Prunus persica (L.) Batsch　153
Prunus triloba Lindl.　154
Pulsatilla chinensis (Bunge) Regel　106

Q
Quamoclit pennata (Lam.) Bojer　127

R
Ranunculus asiaticus L.　106
Ranunculus japonicus Thunb.　83
Ranunculus repens L.　83
Ricinus communis L.　36
Rosa cvs.　155
Rosa rugosa Thunb.　156
Rosa xanthina Lindl.　156
Rudbeckia hirta L.　84
Rudbeckia laciniata L.　85

S
Sagittaria sagittifolia L.　117
Salvia coccinea Juss. ex Murr.　37
Salvia farinacea Benth.　38
Salvia splendens Ker. -Gawl.　37
Sanguisorba officinalis L.　86
Saponaria officinalis L.　86
Sasa auricoma E. G. Camus　136
Sasa fortunei (Van Houtte) Fiori　137
Scirpus tabernaemontani Gmel.　118
Sedum kamtschaticum Fisch.　87
Sedum lineare Thunb.　87
Sedum sarmentosum Bunge　89
Sedum spectabile Boreau　88
Senecio cineraria DC.　89
Solidago canadensis L.　90
Sorbaria kirilowii (Regel) Maxim.　157
Spilanthes oleracea L.　38
Spiraea × *bumalda* 'Gold Flame'　158
Spiraea × *bumalda* 'Gold Mound'　157
Spodiopogon sibiricus Trinius　137
Stipa tenuissima Trinius　138
Syringa oblata L.　159

T
Tagetes erecta L.　39
Tagetes patula L.　39
Taraxacum mongolicum Hand.　91
Thalia dealbata Fraser　118
Torenia fournieri Linden. ex Fourn.　40
Tradescantia reflexa Raf.　91
Trapa bispinosa Roxb.　119
Trifolium repens L.　92
Tropaeolum majus L.　128
Tulipa gesneriana L.　107
Typha angustata Bory et Chaub.　119

V
Verbascum thapsus L.　40
Verbena hybrida Voss.　41
Verbena tenera Spreng.　92
Veronica longifolia L.　93
Viburnum opulus L.　160
Victoria amazonica Sowerby.　120
Vinca major L.　128
Viola cornuta L.　41
Viola philippica Cav.　93
Viola tricolor var. *hortensis* DC.　42

W
Weigela florida (Bunge.) A. DC.　161
Wisteria sinensis (Sims) Sweet　129

Z
Zephyranthes candida Herb.　107
Zephyranthes grandiflora Lindl.　108
Zinnia angustifolia HBK　42
Zinnia elegans Jacq.　43

Y
Yucca gloriosa L.　162

参考文献

[1] 北京林业大学园林系花卉教研组. 花卉学 [M]. 北京：中国林业出版社，1990.

[2] 陈俊愉，刘师汉. 园林花卉 [M]. 上海：上海科学技术出版社，1980.

[3] 陈植. 观赏树木学 [M]. 北京：中国林业出版社，1984.

[4] 黄亦工，董丽. 新优宿根花卉 [M]. 北京：中国建筑工业出版社，2007.

[5] 北京林业大学园林学院花卉教研室. 中国常见花卉图鉴 [M]. 郑州：河南科学技术出版社，1999.

[6] 中国科学院植物研究所. 中国高等植物图鉴 [M]. 北京：科学出版社，1972.

[7] 北京师范大学生物系. 北京植物志 [M]. 北京：北京出版社，1981.

[8] 陈俊愉，程绪珂. 中国花经 [M]. 上海：上海文化出版社，1990.

[9] 孙卫邦. 观赏藤本及地被植物 [M]. 北京：中国建筑工业出版社，2004.

[10] 熊济华，唐岱. 藤蔓花卉：攀援匍匐垂吊观赏植物 [M]. 北京：中国林业出版社，1999.

[11] 武菊英. 观赏草及其在园林景观中的应用 [M]. 北京：中国林业出版社，2007.